ドリルと演習シリーズ

水力学

脇本辰郎・植田芳昭・中嶋智也
荒賀浩一・加藤健司・井口 學　著

電気書院

はじめに

　最近，水力学や流体力学に関する多くの教科書が出版されている．特に目を引くのは，学生諸君の理解を助けるための多くの工夫がなされている点である．写真やスケッチを多用するとともに，数式をできるだけ少なくして，興味を抱かせ，視覚的に全体像を把握させようとする試みが多い．筆者には，この試みは半ば成功しているように思われる．ただし，視覚に訴えると，つい分かった気持ちになりがちである．食べず嫌いということわざがあるが，学問においても，まず食指が動くような配慮がなされるべきである．

　私は卒業論文を書くときの心構えとして，まず，すぐに取り掛かることのできる個所，すなわち実験装置や方法，実験結果から書きはじめ，最も難しい緒言は最後に回すように助言している．誰しもページ数が増えていくと嬉しくなってますます執筆意欲が掻き立てられるようである．

　水力学においても同様であろう．易しい問題だけであっても数多く解き，理解していけば自然と学習意欲が湧くものと思われる．このような意図の基に本書を執筆した．問題の難易の程度は☆印を用いて表示しているので，まず，易しい問題を数多く解いてほしい．ただし，間違っても消しゴムで消してしまってはいけない．×印をつけてそのままにし，解き進めると，後でどこが間違ったのかよくわかる．これは卒業論文を書くときも同様であり，消さずに残しておけば考えの変遷が理解できて面白く，同じ過ちは繰り返さないようになる．

　なお，本書を執筆するに際して心がけたことを要約すると次のようになる．

(1) **単位の変換**：我々の身の周りで起こる現象に関与する物理量はいつもSIの基本単位の[m]，[kg]，[s]などで表されるとは限らない．[mm]，[g]，[min]などが多く用いられている．単位の変換を自由に行えるようにすることは社会に出てからの必須事項である．本書では単位の変換に習熟できるように配慮した．

(2) **物理量を表す記号**：4年生や大学院生，社会人になると，多くの参考書を読まなくてはならないが，参考書によって物理量を表す記号はまちまちである．今から慣れるために，同じ物理量に対して複数の記号を用いている場合がある．注意してほしい．

(3) **問題のレベル**：☆印を用いて3段階表示している．自信のある人は☆3から解いて欲しい．

(4) **問題と解答のページの分離**：ミシン目が付いているので，問題部分と巻末の解答部分をあらかじめ切り離しておくことも可能である．また，演習の時間に答えのページのみを提出することができる．これは教員にとっても，授業で使いやすい演習書としての配慮である．

ドリルと演習シリーズ　水力学

目　次

1　基本問題 …………………………………………………………………………………… 1
2　静力学 ……………………………………………………………………………………… 11
3　連続の式とベルヌーイの式 ……………………………………………………………… 25
4　管内の流れ ………………………………………………………………………………… 33
5　運動量の法則 ……………………………………………………………………………… 47
6　流動抵抗と揚力 …………………………………………………………………………… 57
7　境界層 ……………………………………………………………………………………… 63
8　相似則と無次元数 ………………………………………………………………………… 73

1 基本問題

> 密度，比容積，比重，状態方程式，平均径，相当径が理解できる．

1.1 密度 ρ [kg/m³]，比容積 v [m³/kg]，比重 S [—]

$$\rho = \frac{m}{V}, \quad v = \frac{V}{m}, \quad S = \frac{\rho}{1000}$$

ここで m：質量 [kg]，V：体積 [m³] である．比重の定義式中の 1000 は 4°C の水の密度 1000 [kg/m³] である．実際の問題では，各物理量の単位はここで表示されたもので同じであるとは限らない．単位換算には注意してほしい．

1.2 気体の状態方程式

$$pV = mRT, \quad p = \rho RT$$

ここで，p は圧力 [Pa]，R は気体定数 [J/(kg・K)]，T は温度 [K] である．

1.3 相当径

・投影面積円相当径 d_p [m]　・球表面積相当径 d_S [m]　・球体積相当径 d_V [m]

$$d_p = \left(\frac{4A_p}{\pi}\right)^{\frac{1}{2}} \qquad d_S = \left(\frac{A_S}{\pi}\right)^{\frac{1}{2}} \qquad d_V = \left(\frac{6V}{\pi}\right)^{\frac{1}{3}}$$

ここで，A_p は物体のある平面への投影面積[m²]，A_S は物体の表面積，V は物体の体積である．

1.4 平均径

・長さ平均径　　　　　　・表面積平均径　　　　　　・体積平均径

$$D_{10} = \frac{\sum n_i d_i}{\sum n_i} \qquad D_{20} = \left[\frac{\sum n_i d_i^2}{\sum n_i}\right]^{\frac{1}{2}} \qquad D_{30} = \left[\frac{\sum n_i d_i^3}{\sum n_i}\right]^{\frac{1}{3}}$$

・表面積-長さ平均径　　　・体積-長さ平均径　　　　・体積-表面積平均径

$$D_{21} = \frac{\sum n_i d_i^2}{\sum n_i d_i} \qquad D_{31} = \left[\frac{\sum n_i d_i^3}{\sum n_i d_i}\right]^{\frac{1}{2}} \qquad D_{32} = \frac{\sum n_i d_i^3}{\sum n_i d_i^2}$$

ここで，d_i は i 番目の大きさの球の直径[m]，n_i はその球の個数[—]である．

d_1　d_2　d_3　……　d_i　d_n
n_1　n_2　n_3　　　　n_i　n_n

1.5 円の面積 A [m²]，球の体積 V [m³]，表面積 A_S [m²]

$$A = \pi R^2 = \frac{\pi}{4}D^2 \qquad V = \frac{4}{3}\pi R^3 = \frac{\pi}{6}D^3 \qquad A_S = 4\pi R^2 = \pi D^2$$

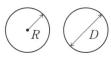

ここで R は半径 [m]，D は直径 [m] である．円や球については小学校のときから算数の教科で学んでいる．例えば円の面積については半径 R を用いて計算するように教わっている．ところが工学では測定できるものは半径 R ではなく，直径 D である．したがって，工学では直径 D が重要な量となり，面積 A も D を用いて計算しなければならない．著者の一人は 40 年余り授業で流体力学を教えてきたが，約 10% の学生は直径 D を R とみなして計算した．思い込みとは恐ろしいものである．

例題 1.1 接頭語を書け．
(1) 10^{-3}
(2) 10^{-6}
(3) 10^{-1}
(4) 10^2
(5) 10^3
(6) 10^6
(7) 10^9

解答
(1) m (2) μ (3) d (4) h (5) k (6) M (7) G

例題 1.2 つぎの単位の換算をせよ．
(1) 1 [mm]→　　　　[cm]
(2) 10 [kg]→　　　　[ton]
(3) 1000 [g]→　　　　[kg]
(4) 10 [g]→　　　　[mg]
(5) 100 [s]→　　　　[hour]
(6) 5 [ms]→　　　　[s]
(7) 5 [cm^2]→　　　　[m^2]
(8) 5 [m^3]→　　　　[cm^3]
(9) 100 [s]→　　　　[min]（分）
(10) 500 [cm^3]→　　　　[L]（リットル）

解答
(1) 0.1 (2) 0.01 (3) 1 (4) 10000 (5) $\dfrac{100}{3600}=\dfrac{1}{36}$ (6) 0.005 (7) $\dfrac{5}{10000}=0.0005$
(8) $5\times 10^6=5000000$ (9) $\dfrac{100}{60}=\dfrac{5}{3}$ (10) $\dfrac{500}{1000}=0.5$

例題 1.3 SI 単位を書け．
(1) 質量 (2) 密度 (3) 面積 (4) 体積 (5) 温度 (6) 力 (7) 重力加速度 (8) 圧力 (9) 長さ
(10) 速度 (11) 動粘度 (12) 粘度 (13) 重さ (14) 比重 (15) 応力 (16) 表面張力

解答
(1) [kg] (2) [kg/m^3] (3) [m^2] (4) [m^3] (5) [K] (6) [N] (7) [m/s^2] (8) [Pa] (9) [m]
(10) [m/s] (11) [m^2/s] (12) [Pa・s] (13) [N] (14) [—] 単位なし (15) [Pa] (16) [N/m]

ドリル **no. 1**　　class　　　no.　　　name

難易度
☆1

問題 1.1　次の量を数式で求めよ．
(1) 半径 R の円の面積 A
(2) 直径 D の円の面積 A
(3) 半径 R の球の体積 V
(4) 直径 D の球の体積 V
(5) 半径 R の球の表面積 A
(6) 直径 D の球の表面積 A
(7) 底面の半径 R，高さ H の円柱の表面積 A
(8) 底面の半径 R，高さ H の円柱の体積 V
(9) 半径 R，中心角 θ [rad] の扇形の面積 A
(10) 底面の半径 R，高さ H の円錐の体積 V
(11) 底面の半径 R，高さ H の円錐の表面積 A

☆1　**問題 1.2**　次に示される単位をそれぞれ記載された手順に従って記せ．〈ただし SI 単位系を使用のこと．（例）[m]，[kg]，[s]〉．

(1) 慣性力：運動方程式 $F = m \times \alpha$ より，慣性力の単位を求めよ．なお，この単位はニュートン [N] として記述される．

(2) 圧力：密度 ρ の液体中の深さ h の位置の圧力は $p = \rho g h$ であることから圧力の単位を求め，この単位が単位面積当たりの力 [N/m²] と等しくなることを示せ．なおこの単位はパスカル [Pa] と記述される．

(3) 動粘性係数（動粘度）：レイノルズ数の定義 $\mathrm{Re} = \dfrac{UL}{\nu}$ より，動粘度 ν の単位を求めよ．

(4) 粘性係数（粘度）：粘度が μ の流体を，間隔を h にした 2 枚の平板ではさむ．そのとき，上の平板を速度 U で平行に動かすと，下の平板にはそれと反対方向にせん断応力（摩擦応力）τ が働く．速度 U が非常に小さいとき，せん断応力 τ は $\tau = \mu \dfrac{U}{h}$ と表すことができる．この式から，粘度 μ の単位を求め，これは [Pa·s] に等しいことを示せ．

(5) 損失ヘッド：円管内流れの損失ヘッド h_L はダルシー・ワイズバッハの式 $h_L = \lambda \dfrac{L}{D}\left(\dfrac{V_m^2}{2g}\right)$ で表される．この損失ヘッド h_L の単位が [m] になることを確認せよ．

(6) 動圧：ベルヌーイの式（あるいは定理），$\dfrac{\rho V^2}{2} + p = p_t$（全圧），の左辺第一項は動圧，第二項は静圧と呼ばれる．この第一項 $\dfrac{\rho V^2}{2}$ の単位が [Pa] になることを確認せよ．

☆1　問題 1.3　質量 $m=200$ [g]，容積 $V=100$ [cm^3] の物体の密度 ρ [kg/m^3]，比容積 v [m^3/kg]，比重 S を求めよ．

☆1　問題 1.4　質量 $m=20$ [kg]，容積 $V=22$ [L：リットル] の液体の密度 ρ [kg/m^3]，比容積 v [m^3/kg]，比重 S を求めよ．ただし，1 [L] は，1 [m^3] の $\dfrac{1}{1000}$（$=1\times 10^{-3}$）である．

☆1　問題 **1.5**　次の問に答えよ．
(1) 半径 $R=55$ [cm]の円の面積 A [m^2]
(2) 直径 $D=33$ [mm]の円の面積 A [m^2]
(3) 1辺が $a=25$ [cm]の正三角形の面積 A [m^2]
(4) 1辺が $a=15$ [μm]の正方形の面積 A [m^2]
(5) 辺の長さが $a=4.5$ [mm]と $b=15$ [cm]の長方形の面積 A [m^2]
(6) 底辺の長さが $a=15000$ [μm]，上辺の長さが $b=15$ [mm]，高さが $h=15$ [cm]の台形の面積 A [m^2]

☆1　問題 **1.6**　新幹線が時速 $V=300$ [km/h]で走行している．速さを[m/s]の単位で表すといくらか．また，マッハ数 M（$=V/c$，c は音速）はいくらか．ただし，空気の音速を $c=340$ [m/s]とする．

☆1　問題 1.7　圧縮機を用いて，圧力 $p=125$ [kPa]，温度 $T=60$°C の空気をタンクに貯えた．空気のガス定数 R を 287 [J/(kg・K)] として，この貯蔵室に貯えられた空気の密度 ρ [kg/m^3] を求めよ．

☆1　問題 1.8　質量 $m=2050$ [g] の空気が 20°C，絶対圧力 $p=150$ [kPa] の状態にあるとき，この空気の体積 V [cm^3] はいくらになるか．ただし，空気を完全流体とみなし，ガス定数 R を 287 [J/(kg・K)] とする．

☆1　**問題 1.9**　動粘度 ν は粘度 μ を密度 ρ で除した値として定義されている．粘度と密度の単位を用いて動粘度の単位が $[m^2/s]$ であることを示せ．

☆1　**問題 1.10**　内径 $D_i=30$ [mm]，外径 $D_o=50$ [mm]，長さ $L=5.0$ [m] の鋼製のパイプがある．鋼の密度を $\rho=7000$ [kg/m^3] としてパイプの質量 m [kg] と重さ W [N] を求めよ．

☆1　**問題 1.11**　直径 $D_1 = 3.0$ [mm] と $D_2 = 5.0$ [mm] の球形の水滴が合体して直径 D_3 の水滴となった．直径 D_3 を求めよ．

☆1　**問題 1.12**　体積 V の球形気泡が分裂して同じ大きさの n 個の球形の気泡になった．小さい気泡の全表面積は元の気泡の表面積の何倍になるか求めよ．

☆1 **問題 1.13** 各辺の長さが $a=10$ [mm], $b=15$ [mm], $c=20$ [mm] の直方体状の気泡を仮定する．球表面積相当径 d_{Bs} [mm], 球体積相当径 d_{Bv} [mm] を求めよ．

☆1 **問題 1.14** 直径 d が 2 [mm], 3 [mm], 4 [mm], 5 [mm], 6 [mm] の固体球がある．長さ平均径 D_{10}, 面積平均径 D_{20}, 体積平均径 D_{30}, 表面積-長さ平均径 D_{21}, 体積-長さ平均径 D_{31}, 体積-表面積平均径 D_{32} を求めよ．

☆1　**問題 1.15**　直径 d が 1 [mm], 2 [mm], 3 [mm], 4 [mm] の固体球が，それぞれ 4 個, 3 個, 2 個, 1 個ある．このとき，平均径 $D_{10}, D_{20}, D_{30}, D_{21}, D_{31}, D_{32}$ を求めよ．

☆3　**問題 1.16**　水の密度 ρ は 4 ℃で最大値 1000 [kg/m^3] となる．すなわち，4℃よりも温度が低くなっても，高くなっても ρ は単調に減少する．このことが池や湖に住む生物にとって非常に有利に働く理由について述べよ．

チェック項目	月　日	月　日
密度, 比容積, 比重, 状態方程式, 平均径, 相当径が理解できたか？		

2 静力学

> ゲージ圧，大気圧，浮力，毛管現象，表面張力，濡れ性が理解できる．

2.1 静水圧

深さが H [m]の池の底の圧力 p [Pa]は次式で与えられる．

$$p = p_g + p_0, \quad p_g = \rho_L g H$$

ここで，p_g はゲージ圧 [Pa]，p_0 は大気圧 [Pa]，ρ_L は液体の密度 [kg/m³]，g (=9.8 [m/s²])は重力加速度である．なお，標準大気圧は，$p_0=101.3$ [kPa]である．

2.2 浮力

密度 ρ_L の液体中に物体を入れるとアルキメデスの原理によって浮力 F_B [N]が働く．

$$F_B = \rho_L g V$$

ここで，V は物体の体積 [m³]である．すなわち，重さ W [N]が，

$$W = \rho g V$$

の物体を液体中に入れると，その物体が排除した液体の重さだけ軽くなる．ここで，ρ は物体の密度 [kg/m³]である．

2.3 液体中の気泡内外の圧力差 Δp [Pa]

$$\Delta p = p_{\text{in}} - p_{\text{out}} = \frac{4\sigma}{d_B}$$

ここで，p_{in} と p_{out} はそれぞれ気泡内外の圧力 [Pa]，σ は表面張力 [N/m]，d_B は気泡の直径である．

2.4 毛管現象

液体中に鉛直に設置した内径 D [m]の細い円管内を上昇する液体の高さ H [m]は次式で与えられる．

$$H = \frac{4\sigma \cos \theta_c}{\rho_L g D}$$

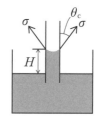

ここで，σ は表面張力 [N/m]，θ_c は接触角である．円管の濡れ性が良いとき（$0° \leq \theta_c < 90°$）には液体は円管内を上昇するが，悪いとき（$90° \leq \theta_c \leq 180°$）は降下する．

2.5 液体中に挿入した平板に働く力 F [N]

・鉛直平板の片面に働く力 F [N]

$$F = p_{gm} A$$

$$p_{gm} = \frac{1}{2} \rho_L g H$$

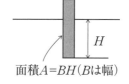

ここで，p_{gm} は平板に働く平均圧力 [Pa]，A は片面の面積である．

・傾斜平板の上面に働く力 [N]

$$F = p_{gm} A$$

$$p_{gm} = \frac{1}{2} \rho_L g L \sin \theta$$

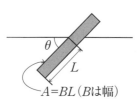

ここで，L は水中にある平板の長さ，θ は傾斜角である．

[例題] 2.1　深さ $H=30$ [m]の池の底の圧力 p を求めよ．ただし，水の密度は $\rho=998$ [kg/m³]，大気圧は $p_0=101.3$ [kPa]とする．

[解答]

$$p = p_0 + \rho g H$$
$$= 101.3 \times 10^3 + 998 \times 9.8 \times 30$$
$$= 101.3 \times 10^3 + 29.3 \times 10^3 \text{ [Pa]}$$
$$= 394.3 \text{ [kPa]}$$

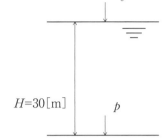

[例題] 2.2　水の体積弾性係数を $K=2\times10^3$ [MPa]とすれば，圧力 p が 100 [kPa]から 100 [MPa]にまで上昇するとき，体積 V は何 % 減少するか．

[解答]

$$dp = -K\frac{dV}{V}$$

であるが，この式の近似式として次式を考える．

$$\Delta p = K\frac{\Delta V}{V}$$

$$\frac{\Delta V}{V} = \frac{\Delta p}{K} = \frac{100\times10^6 - 100\times10^3}{2\times10^3\times10^6}$$

$$= 0.050$$
$$= 5.0\%$$

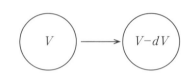

― 補足 ―

　平板や三角形板が水中へ鉛直方向に挿入された場合を考える．これらの板の重心を G とすると，G を通る水平面に関して上下対称な円板の場合には重心での圧力 $p=\rho g H$ (ρ は密度，g は重力加速度，H は水面から重心までの距離)に円板の面積 $\frac{\pi D^2}{4}$ (D は直径)をかければ円板の片面に働く力が求まる．ところが，非対称な三角形板の場合には，この考えは適用できない．積分を用いた議論が必要である．なお，上下対称な板に関してはこの考えに従って力を求めることができる．

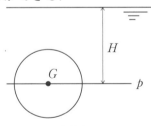
円板

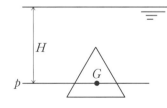
三角形板

ドリル **no. 2**　　　class　　　no.　　　name

☆1　**問題 2.1**　図のような油圧ジャッキの大ピストンに質量 $M=1000$ [kg]の自動車が載っている．小ピストンの直径 $D_1=10$ [cm]，大ピストンの直径 $D_2=100$ [cm]である．
　(1) この車を小ピストンで押し上げるのに必要な力 F_1 はいくらか．
　(2) 大ピストン上の車を 20 [mm]押し上げるには，小ピストンをいくら押し下げる必要があるか．

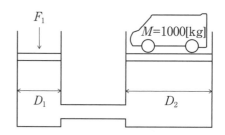

●

☆1　**問題 2.2**　海面下 $H=200$ [m]における圧力をゲージ圧力 p_g [Pa]および絶対圧力 p [Pa]で求めよ．ただし，海水の比重 S を 1.03，大気圧 p_0 を 101.3 [kPa]とする．

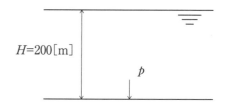

●

☆1　**問題 2.3**　深さ $H_w=5.5$ [m]の池がある．その上を油が $H_{oil}=2.0$ [m]の厚さで覆っている．池の底面の圧力をゲージ圧力 p_g [Pa]および絶対圧力 p [Pa]を求めよ．ただし，水の密度は $\rho_w=998$ [kg/m³]，油の密度は $\rho_{oil}=820$ [kg/m³]，大気圧 p_0 は 101.3 [kPa])とする．

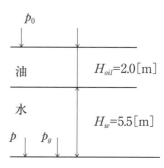

☆1 　問題 2.4　図の液柱計において，Aの液体は 4°C の水である．$H=45$ [cm]，大気圧が $p_0=101.3$ [kPa]，水の密度が $\rho_w=1000$ [kg/m^3] のとき，絶対圧力 p_A を求めよ．

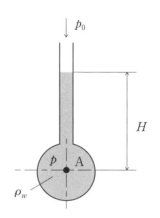

☆1 　問題 2.5　空気の入った容器の圧力を水銀の入った U 字管マノメータで測定したところ，図のように水銀面の高さの差 H が 400 [mm] であった．容器内の絶対圧力 p はいくらか．ただし，大気圧 p_0 は 101.3 [kPa]，水銀の比重は 13.6 とし，空気の密度は無視できるものとする．

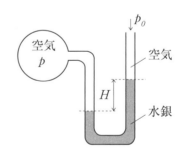

☆2 **問題 2.6** 図の U 字管に油，水，水銀が入っている．これらの液体の密度を，それぞれ ρ_{oil} [kg/m³]，ρ_w [kg/m³]，ρ_{Hg} [kg/m³] として H_{Hg} に対する式を導け．

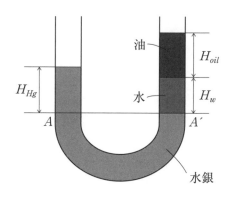

☆2 **問題 2.7** 図において $H_1=920$ [mm]，$H_2=66.6$ [cm] のとき，圧力 p（ゲージ圧）はいくらになるか．ただし，油の密度は $\rho_{oil}=810$ [kg/m³]，水の密度は $\rho_w=1000$ [kg/m³] とする．

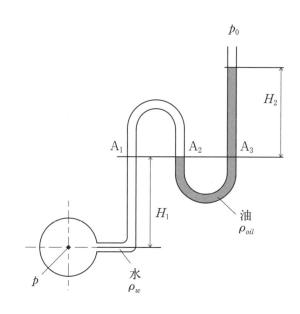

問題 2.8　図のような逆U字管において，2つの容器の圧力差 $(p_A - p_B) = 500$ [Pa] であった．このとき，図中の水銀柱のヘッド差 h を求めよ．ただし，水銀の密度は 13.6×10^3 [kg/m³] とする．

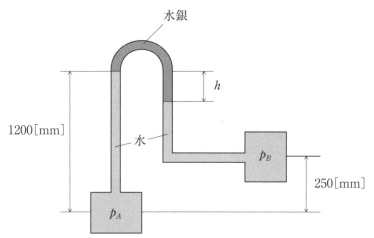

問題 2.9　図のような容器とU字管において，AとBの圧力差 $(p_A - p_B)$ を求めよ．

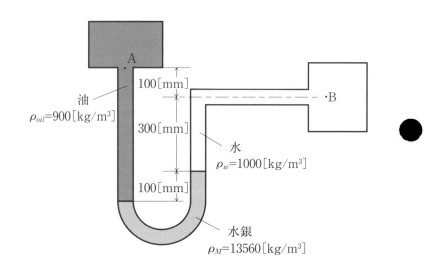

☆2 **問題 2.10** 図の水銀マノメータにおいて，点 B の圧力がゲージ圧力で 75 [kPa] であった．点 A のゲージ圧力はいくらになるか．また大気圧を 101.3 [kPa] とすると絶対圧力はいくらになるか．ただし，$H_1=0.36$ [m], $H_2=0.61$ [m], $H_3=1.37$ [m], 水の密度を $\rho_w=1000$ [kg/m³], 水銀の比重を 13.6, 油の比重を 0.81 とする．

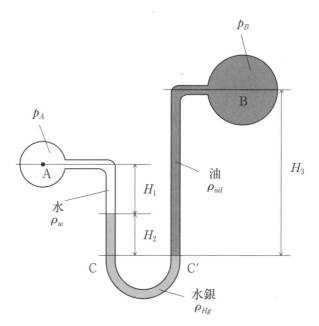

☆3 **問題 2.11** 紙面に垂直な幅 1 [m] をもち，静止水表面を大気圧とした水 (密度 1000 [kg/m³]) を満たした図のような容器がある．半径 $R=1.2$ [m] の四分円弧形状をもつ図の AB 部に作用する静水圧の水平方向ならびに鉛直方向の合力を求めよ．なお，点 A から 0.5 [m] 上部の水圧を，一端を大気圧に開放した図の水銀 (密度 13600 [kg/m³]) 封入 U 字管により測定したところ，$H=80$ [mm] が得られたものとする．

☆1　問題 2.12　液中の圧力を考える．図のように，長さ h，断面積が単位面積 $(1\,[\mathrm{m}^2])$ の液柱部分（周囲と同じ液体）に作用する力の釣り合いを考察して，深さ h における静水圧が，大気圧 p_0 より $\rho g h$（ρ は密度，g は重力加速度）だけ大きくなることを示せ．この結果を利用して，液体内の物体が受ける浮力について，アルキメデスの原理が成り立つことを説明せよ．

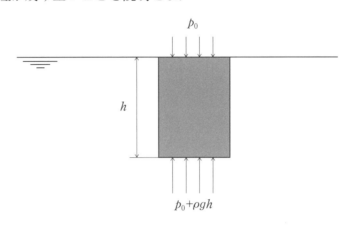

☆1　問題 2.13　海水面上に浮かんでいる氷がある．海面上に出ている部分の体積を $20\,[\mathrm{m}^3]$，氷の比重を 0.90 とすれば，氷の全質量はいくらか．ただし，海水の比重は 1.03 とする．

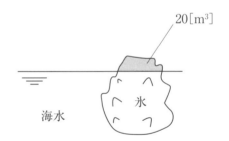

☆1 **問題 2.14** 図のような幅 4 [m]，奥行き 2 [m]，高さ 0.5 [m]，比重 0.6 の角材が水に浮かんでいる．この角材の上に質量 100 [kg] のおもりを載せるとき，喫水 x [m] はいくらになるか求めよ．なお，水の密度は，1000 [kg/m³] とする．

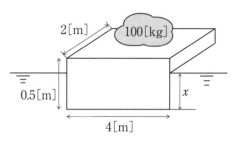

☆1 **問題 2.15** ある鉄の塊に作用する重力を測定すると，密度 1.2 [kg/m³] の大気中では 382.1 [N]，密度 1000 [kg/m³] の水中では 333.2 [N] であったという．鉄の密度 ρ [kg/m³] および塊の体積 V [m³] を求めよ．

☆1　**問題 2.16**　図のように，体積 V，質量 M の物体に，直径 d，長さ L，密度 ρ' の円柱を取り付けた装置(ボーメの比重計)が，ある液体に浸されている．このとき，液中の円柱長さ x を測定することにより，液体の密度 ρ を求めることができる．ρ と x との関係を求めよ．また，この方法により測定できる ρ の範囲を求めよ．

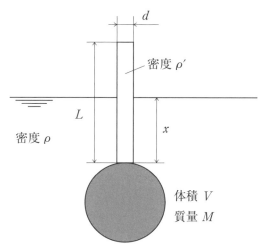

☆2　**問題 2.17**　内径（内側の直径）$d=3.5$ [mm] の細いガラス管を 20℃ の水中に鉛直方向に立てたとき，毛管現象により液面はどれほど上昇するか．ただし，水とガラスとの接触角は 70°，水の密度は $\rho_w=998$ [kg/m³]，表面張力は $\sigma=73$ [mN/m] とする．

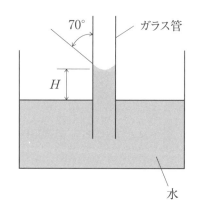

☆2 **問題 2.18** 内径 $d=7.0$ [mm] の細い石英管を 1600°C の溶鋼中に鉛直方向に立てたとき,毛管現象により液面はどれほど降下するか.ただし,溶鋼と石英管との接触角 θ は 140°,溶鋼の密度は $\rho=7000$ [kg/m³],表面張力は $\sigma=1500$ [mN/m] とする.

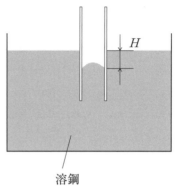

溶鋼

☆2 **問題 2.19** 内径 $D=2.0$ [m],高さ $H_v=4$ [m] のステンレス製円筒容器中に水が $H=3.5$ [m] の深さまで入っている.製円筒容器の底部に働く力 F_B [N] と容器の側壁に働く力 F_S [N] を求めよ.ただし,水の密度は $\rho_w=1000$ [kg/m³] とする.

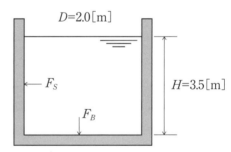

☆2 問題 2.20 高さ $H=3.0$ [m],幅 $W=2.0$ [m]のコンクリート製用水路がある.途中に平板を上下に移動させることによって用水路を閉鎖することのできる水門が設置されている.水門を閉じたとき,上流側の水の深さが $H_1=2.0$ [m],下流側の水位が $H_2=0$ [m]となった.水門にかかる上流側の力 F_1 [N]を求めよ.ただし,水の密度は $\rho_w=1000$ [kg/m³]とする.

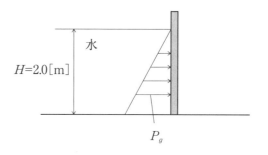

☆2 問題 2.21 水平面から測って $\theta=45°$ の角度で平板が水中に差し込まれている.水中にある平板の長さは $L=2.0$ [m],幅は $W=1.0$ [m]である.平板のこの部分の上側の面に働く力 F_1 [N]を求めよ.ただし,水の密度は $\rho_w=1000$ [kg/m³]とする.

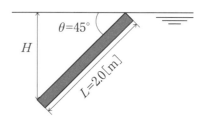

問題 2.22 図のような容器(紙面に垂直方向の幅 2 [m])に,水(密度 $\rho = 1000$ [kg/m³])が貯められている.図の座標系において,側壁の形状が $y = x^2$ で表されるとき,側壁に作用する力の水平成分ならびに垂直成分を求めよ.

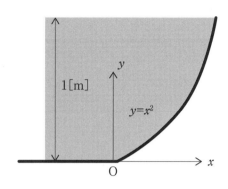

問題 2.23 20°C の水中に直径 $d_B = 1.5$ [mm] の空気気泡がある.気泡内外の圧力差 $\Delta p (= p_{in} - p_{out})$ を求めよ.ただし,水の表面張力は $\sigma = 73$ [mN/m] とする.

☆2　問題 2.24　1600℃ の溶鋼中に直径 $d_B=55$ [μm] のアルゴン気泡がある．気泡内外の圧力差 Δp $(=p_{\rm in}-p_{\rm out})$ を求めよ．ただし，溶鋼の表面張力は $\sigma=1.40$ [N/m] とする．

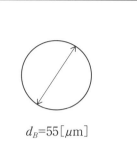

$d_B=55$[μm]

☆3　問題 2.25　地球の周囲の長さを $L=40000$ [km]，大気圧を $p_0=101.3$ [kPa] として，地球に存在する空気の質量を求めよ．

チェック項目	月　日	月　日
ゲージ圧，大気圧，浮力，毛管現象，表面張力，濡れ性が理解できたか？		

3 連続の式とベルヌーイの式

流線,流管,連続の式,ベルヌーイの定理,非粘性流体が理解できる.

3.1 流線と流管

流体中にある1つの線を考え,その線上のすべての点において,接線が速度の方向と一致しているものを流線という.

流体中に非常に小さな開曲線を考え,それを通る流線で形成される管を流管と呼ぶ.流管内のある横断面では,速度は等しい値をとり,横断面に垂直になっている.流管の壁を横ぎる流れはない.すなわち,流管に入ってきた流体はすべて出口から出ていく.

3.2 連続の式

定常流の場合には,流管の位置①と②において次の関係が成り立つ.

$$\dot{m}_1 = \dot{m}_2$$

すなわち,

$$\rho_1 v_1 A_1 = \rho_2 v_2 A_2$$

非圧縮性流体ならば,$\rho_1 = \rho_2$ であるから,

$$v_1 A_1 = v_2 A_2$$

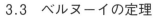

ここで,$\dot{m}_1$, $\dot{m}_2$ は質量流量 [kg/s],ρ_1, ρ_2 は密度 [kg/m^3],v_1, v_2 は流速 [m/s],A_1, A_2 は断面積 [m^2] である.

3.3 ベルヌーイの定理

流れが非粘性,非圧縮性流体の定常流の場合,流管内の断面①と②において次の関係が成り立つ.

$$\frac{p_1}{\rho g} + \frac{v_1^2}{2g} + z_1 = \frac{p_2}{\rho g} + \frac{v_2^2}{2g} + z_2 = 一定$$

ここで p_1, p_2 は圧力 [Pa],g は重力加速度 [m/s^2],z_1, z_2 は基本位置からの高さ [m] である.なお,v_1, v_2 は断面内で一定の値をとる.流管はいくらでも小さくできるので,ベルヌーイの定理は流線上でも成り立つ.

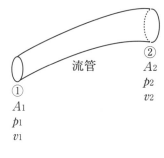

$\dfrac{p_1}{\rho g}$,$\dfrac{p_2}{\rho g}$ を圧力水頭 [m],$\dfrac{v_1^2}{2g}$,$\dfrac{v_2^2}{2g}$ を速度水頭 [m],z_1, z_2 を位置水頭 [m] と呼ぶことがある.ベルヌーイの定理において,流管が水平におかれているとき($z_1 = z_2$),次の関係が成り立つ.

$$p_1 + \frac{1}{2}\rho v_1^2 = p_2 + \frac{1}{2}\rho v_2^2 = 一定$$

ここで,p_1, p_2 を静圧 [Pa],$\dfrac{1}{2}\rho v_1^2$,$\dfrac{1}{2}\rho v_2^2$ を動圧 [Pa],静圧と動圧の和を全圧 [Pa] と呼ぶ.

例題 3.1 直径 $D=0.20$ [m] の円管内を水が断面平均流速 $v_m=1.4$ [m/s] で流れている．水の密度を $\rho_w=998$ [kg/m³] として，質量流量 $\dot{m}$ [kg/s] を求めよ．

解答
水の流量 Q は
$$Q=Av_m=\frac{\pi}{4}D^2v_m=\frac{3.14}{4}\times(0.20)^2\times1.4=4.40\times10^{-2}\ [\mathrm{m^3/s}]$$
ここで，A は管路の断面積である．
$$\therefore \dot{m}=\rho_w Q=998\times4.40\times10^{-2}=43.9\ [\mathrm{kg/s}]$$

例題 3.2 直径 $D=25$ [cm] の円管内を水が流量 $Q=1.2\times10^{-1}$ [m³/min] で流れている．断面平均流速 v_m [m/s] を求めよ．

解答
$D=25$ [cm] $=25\times10^{-2}$ [m]
管路の断面積を A とすると
$$v_m=\frac{Q}{A}$$
ここで
$$Q=1.2\times10^{-1}\ [\mathrm{m^3/min}]=\frac{1.2\times10^{-1}}{60}=2.0\times10^{-3}\ [\mathrm{m^3/s}]$$
$$A=\frac{\pi}{4}D^2=\frac{3.14}{4}\times(25\times10^{-2})^2$$
$$=4.91\times10^{-4}\ [\mathrm{m^2}]$$
$$\therefore v_m=\frac{Q}{A}=\frac{2.0\times10^{-3}}{4.91\times10^{-4}}=4.1\ [\mathrm{m/s}]$$

補足

前ページに示したベルヌーイの定理は非圧縮性流体に適用される．液体は非常に圧縮されにくいので非圧縮性流体とみなしてよいが，気体は圧縮されやすいので，ベルヌーイの定理を適用する際には注意を要する．例えば，一様な気体の流れの中を移動する物体の周りで圧縮性の影響が出るのは，一様流の速度が音速の約 0.3 倍を超えたときであるといわれている．

ドリル no.3   class   no.   name

☆1 **問題 3.1** 図のような直径が $d_1=200$ [mm]から $d_2=100$ [mm]に変わる管路に水が流れている．流量が 0.1 [m³/s]とすると，それぞれの断面における断面平均流速 v_{m_1}, v_{m_2} はいくらか．ただし，損失等は無視する．

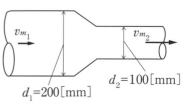

☆2 **問題 3.2** 図のような配管に水が流れている．A 点における圧力は $P_A=150$ [kPa]，断面平均流速は $V_A=3$ [m/s]である．B 点における P_B はいくらになるか．それぞれの場合について答えよ．
(1) 管路径が等しい場合（図1）

(2) 管路径が変化する場合（図2）
    ただし水の密度を $\rho=1000$ [kg/m³]とする．

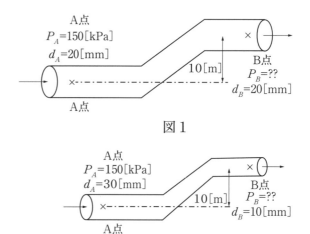

図1

図2

☆1　**問題 3.3**　非常に大きなタンクの側壁に長さ $L=50$ [m]，直径 $D=65$ [mm] の円管が水平に取り付けられており，水が大気中に流出している．タンク内の水面と円管の中心軸との距離は $H=5.0$ [m] である．入口損失と入口の付加圧力損失を無視して流出する水の断面平均速度 v_{m_2} と流量 Q を求めよ．ただし，タンク内の水面の表面は大気圧であり，水面の降下速度 v_{m_1} は 0 とする．

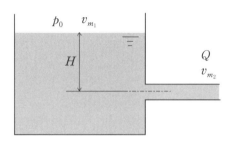

☆2　**問題 3.4**　図のような容器から水噴流が大気中に水平に放出され，その後地表に衝突する．以下の問に答えよ．
(1) 容器から噴出する際の速度 V を求めよ．ただし，容器内は大気に開放されており，容器断面積は出口のそれに比べて充分大きいと仮定する．
(2) 容器出口から地表に到達するまでの水平距離 L を求めよ．

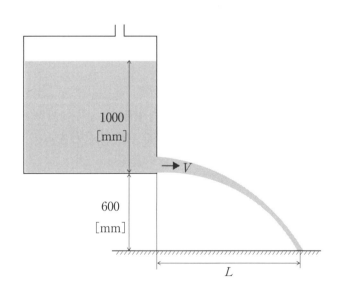

☆3　**問題 3.5**　図のようなタンクからの水のドレインを考える．タンクは大気圧に開放されており，その断面積 ($A_1 = 4.0$ [m^2]) は下端の排水孔断面積 ($A_2 = 12$ [cm^2]) よりかなり大きく，$V_1^2 \ll V_2^2$ と仮定できる．初期の水深が $z_0 = 3.0$ [m] のとき，水が全部抜けるまでの時間を求めよ．

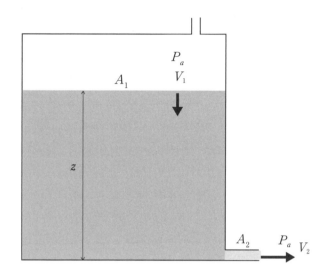

☆2　**問題 3.6**　風速 40 [m/s] の風に対して立っているとき，身体が受ける力を求めよ．ただし，空気の密度 1.2 [kg/m^3]，風に対抗する身体の面積を 1 [m^2] とする．

☆1 問題 3.7　内径 $D=25$ [mm] の水平な流管内を流速 $v=4.5$ [m/s] で水が流れている．ある位置の圧力（静圧）が $p_s=20$ [kPa] のとき，体積流量 Q [m³/s]，質量流量 $\dot{m}$ [kg/s]，圧力（静圧）ヘッド [m]，速度ヘッド [m]，動圧 p_d [kPa]，全圧 p_t [kPa] を求めよ．ただし，水の密度は $\rho_w=998$ [kg/m³]，重力加速度は $g=9.8$ [m/s²] である．

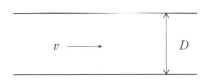

☆2 問題 3.8　水平な円形の流管の直径が $D_1=2.0$ [cm] から徐々に大きくなって $D_2=7.0$ [cm] になっている．上流の流管内の水の流速は $v_1=9.0$ [m/s]，圧力は $p_1=150$ [kPa] である．上流と下流の流管の断面積 A_1 [m²]，A_2 [m²]，ならびに下流の流管内の流速 v_2 [m/s] と圧力 P_2 [kPa] を求めよ．ただし，水の密度は $\rho=998$ [kg/m³]，重力加速度は $g=9.8$ [m/s²] である．

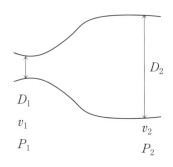

☆2　**問題 3.9**　図のようなノズル出口の水の全圧（動圧 + 静圧）をピトー管により取り込み，上流側の静圧との差圧を水銀マノメータにより測定したところ，$h=200$ [mm]となった．このとき，ノズルから放出される水の速度を求めよ．ただし，水および水銀の密度を，それぞれ1000 [kg/m³]，13600 [kg/m³]とする．
※文献 2)を参考にした．

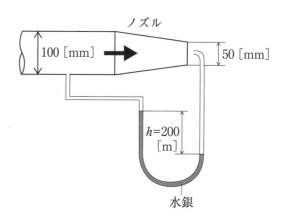

☆2　**問題 3.10**　図のような管内径が200 [mm]および100 [mm]の垂直上昇管路に水が流れている．断面①と②の高さの差が1000 [mm]とするとき流量 Q はいくらか．ただし，管路の諸損失は無視できるものとする．また，水の密度は1000 [kg/m³]，水銀の比重は13.6とする．
※文献 2)を参考にした．

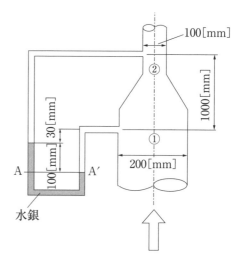

☆2 　問題3.11　図のような大きな水槽からサイフォンにより水を放出している．サイフォンの内径は40 [mm]である．水槽の液面が一定と仮定した場合，サイフォンより流出する流量 Q および A，B，C，D，E点の圧力をゲージ圧で求めよ．ただし，水の密度は1000 [kg/m³]とする．

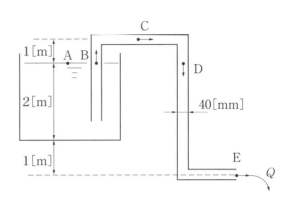

☆3 　問題3.12　図のような流体機械がある．管路の直径はそれぞれ入口側で$d_1=0.1$ [m]，出口側で$d_2=0.05$ [m]である．このとき，入口での流速が$u_1=1.4$ [m/s]，圧力が$p_1=0$ [Pa]，出口での流速が$u_2=5.6$ [m/s]，圧力が$p_2=p_1$の場合，この流体機械はポンプ（ファン）か，あるいは水車（風車）か答えよ．

チェック項目	月　日	月　日
流線，流管，連続の式，ベルヌーイの定理，非粘性流体が理解できたか？		

4 管内の流れ

レイノルズ数,臨界レイノルズ数,助走距離,ダルシー・ワイズバッハの式,管摩擦係数,圧力損失が理解できる.

4.1 レイノルズ数 Re [—]

$$\mathrm{Re} = \frac{VL}{\nu}, \quad \nu = \frac{\mu}{\rho}$$

ここで,V は代表速度 [m/s],L は代表長さ [m],ν は動粘度 [m²/s],ρ は密度 [kg/m³],μ は粘度 [Pa·s] である.例えば円管内の流れでは,

$$V = v_m, \quad L = D$$

となる.v_m は断面平均速度 [m/s],D は管路の直径 [m] である.

4.2 臨界レイノルズ数

$$\mathrm{Re}_c = 2320$$

ここで,$\mathrm{Re} < \mathrm{Re}_c$ のとき流れは層流,$\mathrm{Re} \geq \mathrm{Re}_c$ のとき乱流である.

4.3 円管内流れの助走距離 L_e [m]

$$L_e = 0.05 \mathrm{Re} D \quad (層流)$$
$$L_e = 50 D \quad (乱流)$$

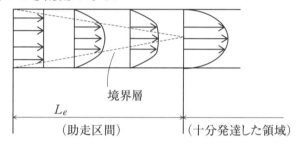

4.4 ダルシー・ワイズバッハの式

管路の内壁における摩擦によって流れ方向に生じる圧力損失 Δp [Pa] は次式で与えられる.

$$\Delta p = p_1 - p_2 = \lambda \frac{L}{D} \frac{1}{2} \rho v_m^2$$

ここで,p_1,p_2 は①と②の圧力 [Pa],λ は管摩擦係数 [—],L は①と②の間の距離 [m],D は管路の直径 [m],ρ は流体の密度 [kg/m³],v_m は断面平均速度 [m/s] である.

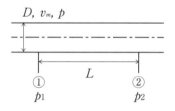

4.5 滑らかな管路の管摩擦係数 λ [—]

・層流

$$\lambda = \frac{\mathrm{Re}}{64}$$

・乱流

$$\lambda = \frac{0.3164}{\mathrm{Re}^{1/4}} \quad (ブラジウスの式 \quad 2320 \leq \mathrm{Re} \leq 10^5)$$

$$\lambda = 0.0032 + \frac{0.221}{\mathrm{Re}^{0.237}} \quad (ニクラゼの式 \quad 10^5 \leq \mathrm{Re} \leq 10^8)$$

4.6 各種管路要素の圧力損失 ζ [—]

$$\Delta p = \zeta \frac{1}{2} \rho v_m^2$$

ここで,ζ は損失係数 [—] であり,管路要素によって異なる.

4.7 圧力損失を考慮したベルヌーイの定理

$$\frac{p_1}{\rho g} + \frac{v_{m1}^2}{2g} + z_1 = \frac{p_2}{\rho g} + \frac{v_{m2}^2}{2g} + z_2 + h_L$$

ここで,v_{m_1},v_{m_2} は断面①,②における断面平均速度 [m/s],h_L は損失水頭 [m] である

$$h_L = \frac{\Delta p}{\rho g}$$

この場合の Δp はすべての管路要素において生じる圧力損失の和である.

例題 4.1 レイノルズ数 Re の物理的意味について述べよ.

解答

$$\mathrm{Re} = \frac{VL}{\nu} = \frac{\rho V^2 L^2}{\dfrac{\rho \nu V}{L} V} = \frac{\rho V^2 L^2}{\mu \dfrac{V}{L} L^2} = \frac{慣性力}{粘性力}$$

ここで, V：代表速度, L：代表長さ, ν：動粘度, ρ：密度, $\mu\,(=\rho\nu)$：粘度である.

例題 4.2 円管内の流れの層流と乱流について述べよ.

解答

層流とは円管内を流体が層をなして流れる状態をいう. 乱流とは大小様々な渦を含む流れである. なお, これらの渦は円管の壁面近くで, バースト現象によって生成されるので壁乱れと呼ばれている. 一方, ノズル出口などで形成される噴流も乱流になるが, この場合の乱れは壁から遠く離れたところで生じ, 壁の影響を受けないので自由乱れと呼ばれる.

補足

ほとんどの水力学の教科書において円管内流れの層流から乱流への臨界レイノルズ数は $\mathrm{Re}_c = 2320$ となっている. 実は臨界レイノルズ数 Re_c は管内に入ってくる流れの中の擾乱（じょうらん）, すなわち周波数や振幅の異なる速度変動に依存して大きく異なる. 擾乱の程度が小さいと Re_c は 2320 よりも非常に大きくなり, 1×10^5 を超えることが知られているが, 擾乱の程度が大きくなると Re_c は 2320 へ近づいていく. 擾乱の程度をいくら大きくしても Re_c は 2320 であるので, この値を下部臨界レイノルズ数と呼んでいる. 上部限界レイノルズ数は上述のように擾乱の程度に依存するので注意を要する. なお, 実用管路では, $\mathrm{Re}_c = 2320$ とみなしてよい.

ドリル **no. 4**　　　class　　　no.　　　name

☆1　**問題 4.1**　滑らかな管と粗い管について説明せよ．

☆2　**問題 4.2**　内径 20 [mm]の滑らかな管内を空気($\nu=1.46\times10^{-5}$ [m²/s], $\rho=1.2$ [kg/m³])が流れている．中心での流速が 12 [m/s]のとき，レイノルズ数と質量流量を概算せよ．

☆1 問題 4.3　比重 0.8，粘性係数 $\mu = 40.0 \times 10^{-3}$ [Pa·s]の流体が内径 20 [cm]の滑らかな円管内を 3.0 [m/s]の速度で流れるとき，流れは層流となるか，乱流となるか．臨界レイノルズ数 $\mathrm{Re}_c = 2320$ をもとに答えよ．

☆1 問題 4.4　直径 $D = 5.5$ [cm]の滑らかな水平円管内を 20℃ の水が流れている．断面平均速度が $v_m = 1.5$ [m/s]のとき，流れは層流か，それとも乱流か答えよ．また，レイノルズ数 Re と助走距離 L_e を求めよ．ただし，水の動粘度は $\nu = 1.0 \times 10^{-6}$ [m²/s]，臨界レイノルズ数を $\mathrm{Re}_c = 2320$ とする．

☆2 **問題 4.5** 長さ $L=10$ [m]，内径 $d=1$ [cm]の滑らかな水平円管路をある流体が流量 $Q=20$ [cm³/s]で流れている．圧力損失が $\Delta p=1\times10^4$ [Pa]であった場合，この流体の粘性係数 μ，動粘性係数 ν，およびレイノルズ数 Re を求めよ．ただし，流体の密度を $\rho=800$ [kg/m³]とする．

☆2 **問題 4.6** 流量 $Q=180$ [L/min]の水が，内径 $d=65$ [mm]の滑らかな管内を流れている．この管内流れが層流か乱流かを判断した後，この管路の 1000 [m]あたりの圧力損失 Δp を求めよ．ただし，1 [L]$=10^{-3}$ [m³]，水の動粘度は 1.0×10^{-6} [m²/s]，密度は 1000 [kg/m³]，損失ヘッド h_Lはダルシー・ワイズバッハの式 $h_L=\dfrac{\Delta p}{\rho g}=\lambda\dfrac{L}{d}\dfrac{v_m^2}{2g}$ で表され，管摩擦係数 λ は次式で与えられる．

- Re≤ 2320 のとき，$\lambda=\dfrac{64}{\text{Re}}$
- $2320\leq\text{Re}\leq 10^5$のとき，$\lambda=0.3164\text{Re}^{-0.25}$（ブラジウスの式）

☆2　**問題 4.7**　内径 10 [mm]，全長 10 [m]の円管に 10℃ の水（動粘性係数 $\nu=1.307\times10^{-6}$ [m²/s]）が流れている．平均流速 0.1 [m/s]とすると，管路全長の圧力損失 Δp [Pa]はいくらになるか求めよ．ただし，管路内壁は滑らかであり，臨界レイノルズ数は 2320 であるとする．

☆2　**問題 4.8**　内径 10 [mm]，全長 10 [m]の円管に 10℃ の水（動粘性係数 $\nu=1.307\times10^{-6}$ [m²/s]）が流れている．平均流速 2.0 [m/s]とすると，管路全長の圧力損失 Δp [Pa]はいくらになるか求めよ．ただし，管路内壁は滑らかであり，臨界レイノルズ数は 2320 であるとする．

☆2　**問題 4.9**　内径 10 [mm] の滑らかな水平管内を，密度 900 [kg/m^3] の流体が，毎分 5.65 [L] の流量で流れている．発達した流れの状態で，1 [m] の区間における損失ヘッドが 367 [mm] であった．この流体の動粘度を求めよ．

☆2　**問題 4.10**　内径 8 [mm] と 20 [mm] の滑らかな管を水平につないで全長 20 [m] の管路を作り，水（動粘度 $=1.00\times 10^{-6}$ [m^2/s]，密度 $=1000$ [kg/m^3]）を流量 2.01×10^{-5} [m^3/s] で流す．管路全体の圧力損失を 6000 [Pa] に設定したいとき，8 [mm] と 20 [mm] のそれぞれの水平管の長さを求めよ．なお，入口，出口ならびにつなぎ目での損失を無視する．ただし，臨界レイノルズ数は 2320 とする．

☆2　**問題 4.11**　内径 100 [mm]の滑らかな水平管路内を，密度 $\rho=800$ [kg/m³]，$\mu=0.12$ [Pa·s]の原油が流量 0.012 [m³/s]で流れている．この管路の 1 [km]あたりの圧力損失を求めよ．

☆2　**問題 4.12**　密度 900 [kg/m³]，粘性係数 $\mu=0.015$ [Pa·s]の液体を満たした 2 つのタンクが，内径 50 [mm]，長さ 12 [m]の滑らかな水平円管で繋がれている．円管を流れる流量が 3.2×10^{-3} [m³/s]のとき，2 つのタンクの水位差 H を求めよ．ただし，上流側タンクから円管への入口損失係数を 0.6，下流側タンクへの出口損失係数を 1.0 とする．

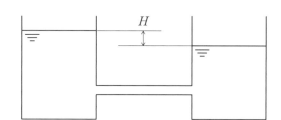

☆2 **問題 4.13** 図のようなポンプにより，ポンプ出口より 10 [m]の高さに水をくみ上げている．ノズル先端の平均流速を 10 [m/s]とするためには，ポンプ出口の圧力 p_1 をいくらに必要があるか．ただし，ホースの直径は 100 [mm]，長さは 50 [m]，管摩擦係数は 0.03 とし，ノズルの先端径は 30 [mm]とする．

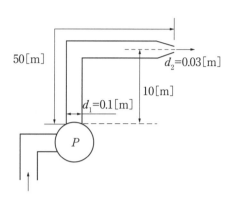

☆2 **問題 4.14** 水（動粘性係数 $\nu=1.004\times10^{-6}$ [m^2/s]，密度 $\rho_w=1000$ [kg/m^3]）が平均流速 4 [m/s]で内径 500 [mm]の管壁の粗い管路内を流れている．このとき，レイノルズ数および長さ 300 [m]の間の圧力損失 [Pa]を求めよ．ただし，管の粗さを 1.0[mm]とする．

☆3　問題 4.15　図のように地上から高さ 2.5 [m]のタンク出口孔に，内径 32 [mm]の粗い鋼管を水平からの角度 30°でつなぎ，地上に水($\rho=1000$ [kg/m³]，$\nu=1.0\times10^{-6}$ [m²/s])を放出した．このときの平均流速が 2.5 [m/s]であった．つぎに，タンク出口を地上から 5 [m]の高さまで上げ，上の鋼管に同じ内径を持つ滑らかな管をつなぎ，地上に水を 3.2 [m/s]の速度で放出したい．このとき，滑らかな管を水平からどのような傾きθで接続すればよいか．なお，タンク出口での水の圧力は大気圧に等しいと仮定し，管路での損失は管摩擦のみとする．

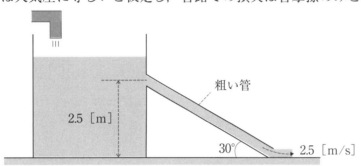

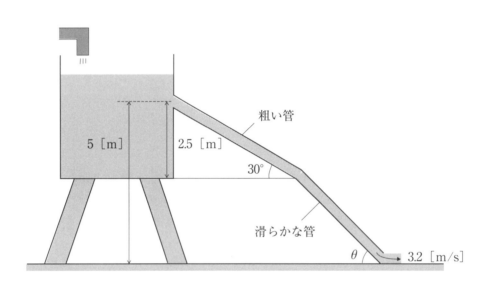

☆2　問題 4.16　等価粗さ $k_e=0.2$ [mm]をもつ内径 20 [mm]の管内を水($\nu=1.0\times10^{-6}$ [m²/s])が流れている．平均流速が 1 [m/s]，10 [m/s]のときの管摩擦係数λを求め，滑面管の値と比較せよ．

☆2　**問題 4.17**　図のような送風機により，空気(密度 $\rho=1.2$ [kg/m³])が流量 1.5 [m³/s]で送られている．管路出口内径 200 [mm]，出口ゲージ圧力を 5 [kPa]としたとき，送風機の必要動力を求めよ．ただし，送風機の効率を 0.8，縮小部およびバルブにおける損失係数を，それぞれ 0.3 および 2.0 とし，管摩擦を無視する．

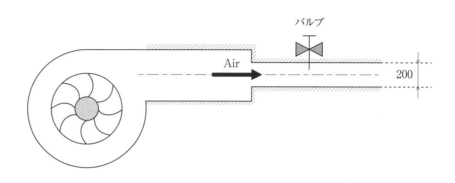

☆3　**問題 4.18**　図のように滑らかな平行 2 平板間(紙面に垂直方向無限幅)内の発達した層流流れを考える．以下の手順により管摩擦係数 λ を求めよ．

(1) 図のような壁からの距離 y の位置にある，流れ方向長さ ℓ，厚さ Δy の微小要素に作用する力の釣り合いから速度分布に関する微分方程式を導出せよ．また，その解より速度分布を求めよ．

(2) 以下の定義を用い，管摩擦係数 λ を求めよ．

$$\Delta P = P_1 - P_2 = \lambda \frac{L}{2H} \frac{\rho V^2}{2} \quad (V：平均流速)$$

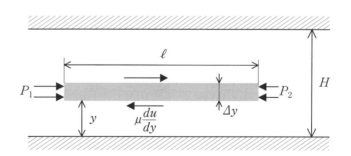

☆2　問題 4.19　工場やビルの換気用の配管には，スペースの関係上よく長方形断面の管が利用されている．このような場合，円管の内径 d に対応して用いられる値として，水力平均深さ

$$m = \frac{A}{s} \tag{A}$$

がある．ここで，A は長方形管の断面積，s はその周長さである．例えば，断面の1辺の長さが a と b の長方形管路の場合，管の断面積は $A=ab$，周長さは $s=2(a+b)$ であるので，水力平均深さは $m = \dfrac{ab}{2(a+b)}$ となる．

また，直径 d の円管の場合だと，水力平均深さは次のようになる．

$$m = \frac{(\pi/4)d^2}{\pi d} = \frac{d}{4} \tag{B}$$

つまり，円形断面以外のときは，$4m$ [m]の値が円管の直径 d の代わりになる．この $4m$ [m] を水力直径という．

以上をふまえて，次の問に答えよ．

一辺 240 [mm]の正方形断面をもつ滑らかな管路内を，水が毎秒 0.35 [m³]流れている．ただし，水の動粘度を 1.307×10^{-6} [m²/s]とする．

(1) 管路内を流れる水の平均速度 u_m [m/s]を求めよ．
(2) 水力平均深さ m を求めよ．
(3) レイノルズ数 Re を求めよ．
(4) 管摩擦係数 λ の値をニクラーゼの式を用いて求めよ．
(5) この管路の 30 [m]あたりの管摩擦損失ヘッド h をダルシー・ワイズバッハの式から求めよ．

☆2　問題 4.20　水力平均深さ m の4倍を水力直径 D_h と呼んでいる．これを立式すると，

$$D_h = 4m = \frac{4A}{s}$$

となる．このとき，次の断面管路の水力直径を求めよ．

(1) 一辺が a の正三角形の管路

正三角形

(2) 内側の直径が d，外側の直径が D の環状流路

環状流路

(3) すきまの高さが a の平行平板間流路

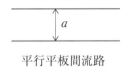

平行平板間流路

☆2 **問題 4.21** 空気（動粘性係数 $\nu=1.4\times10^{-5}$ [m²/s], $\rho_{air}=1.1$ [kg/m³]）が平均流速 2 [m/s]で 40 [cm]×50 [cm]の長方形ダクト内を流れている．このとき水力直径および長さ $L=200$ [m]の圧力損失 Δp [Pa]を求めよ．ただし，ダクトの内壁は滑らかであるとする．

☆2 **問題 4.22** 急拡大部の損失係数 ζ は次式で与えられる．

$$\zeta=\xi(1-m)^2$$
$$m=\frac{A_1}{A_2}=\left(\frac{D_1}{D_2}\right)^2$$

ここで，ξ は通常時は 1 の値をとる．$D_1=20$ [mm], $D_2=50$ [mm], $v_{m1}=4.0$ [m/s]のとき，水の流れの急拡大部における圧力損失 Δp [Pa]を求めよ．ただし，密度は $\rho=998$ [kg/m³]である．

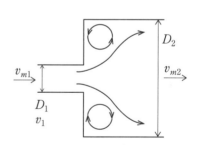

☆2　**問題 4.23**　長さ $L=100$ [m]，直径 $D=85$ [mm] の滑らかな水平円管内の中央にエルボが一個設置されており，20℃ の水が流れている．断面平均速度が $v_m=4.0$ [m/s] のとき，次の問に答えよ．ただし，臨界レイノルズ数を $Re_c=2320$ とする．(1) レイノルズ数 Re を求めよ．そして，流れは層流か，それとも乱流か，答えよ．(2) 助走距離 L_e を求めよ．(3) 管路の摩擦圧力損失 Δp_f を求めよ．ただし，水の密度は $\rho=998$ [kg/m³]，動粘度は $\nu=1.0\times10^{-6}$ [m²/s] とし，助走区間の付加圧力損失は無視せよ．また，$Re=10^5\sim10^8$ のときにはつぎのニクラゼの式を用いること．$\lambda=0.0032+\dfrac{0.221}{Re^{0.237}}$．(4) エルボの損失係数 ζ_{elb} を 1.5 として，エルボの圧力損失 Δ_{elb} を求めよ．(5) 入口の損失係数 ζ_{in} を 0.5 として入口の圧力損失 Δp_{in} を求めよ．(6) 全圧力損失 Δp を求めよ．

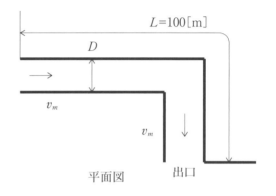

チェック項目	月　日	月　日
レイノルズ数,臨界レイノルズ数,助走距離,ダルシー・ワイズバッハ式,管摩擦係数,圧力損失が理解できたか？		

5 運動量の法則

噴流, 垂直平板, 傾斜平板が理解できる.

5.1 噴流が大きな平板に及ぼす力 F [N]

・垂直平板

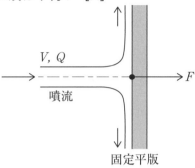

$$F = \rho Q V$$

ここで, ρ は流体の密度 [kg/m³], Q は流量 [m³/s], V は流速 [m/s] である.

・傾斜平板

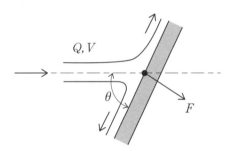

$$F = \rho Q V \sin\theta$$

ここで, θ は傾斜角である.

・移動する垂直平板

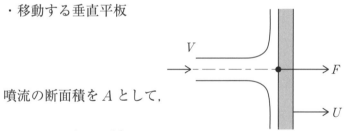

噴流の断面積を A として,

$$F = \rho A (V - U)^2$$

ここで, U は平板の移動速度 [m/s] である.

5.2 噴流が曲がった板に及ぼす力

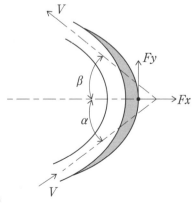

$$Fx = \rho Q V (\cos\alpha + \cos\beta)$$
$$Fy = \rho Q V (\sin\alpha - \sin\beta)$$

ここで, α と β は図に示すような角度である.

例題 5.1 直径 $D=10$ [cm]の消防用のホースから水が流量 $Q=10$ [m³/min]で放出されている．この水が静止した平板に垂直に当たるときの力 F [N]を求めよ．ただし，水の密度は $\rho_L=998$ [kg/m³]とする．また，平板が $u=5.0$ [m/s]でホースから遠ざかっている場合はどうなるか答えよ．

解答

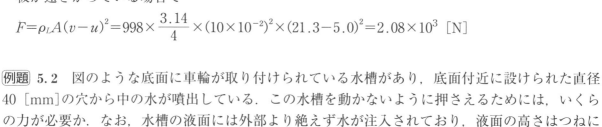

$D=10$ [cm]$=10\times 10^{-2}$ [m]

$Q=10$ [m³/min]

$=\dfrac{10}{60}$ [m³/s]$=\dfrac{10}{60}=0.167$ [m³/s]

流出する水の流速 v は、

$v=\dfrac{Q}{\dfrac{\pi}{4}D^2}=\dfrac{0.167}{\dfrac{3.14}{4}\times(10\times 10^{-2})^2}=21.3$ [m/s]

$F=\rho_L Qv=998\times 0.167\times 21.3=3.55\times 10^3$ [N]

板が遠ざかっている場合で

$F=\rho_L A(v-u)^2=998\times\dfrac{3.14}{4}\times(10\times 10^{-2})^2\times(21.3-5.0)^2=2.08\times 10^3$ [N]

例題 5.2 図のような底面に車輪が取り付けられている水槽があり，底面付近に設けられた直径 40 [mm]の穴から中の水が噴出している．この水槽を動かないように押さえるためには，いくらの力が必要か．なお，水槽の液面には外部より絶えず水が注入されており，液面の高さはつねに一定に保たれているものとする．液面から穴の中心までの高さは 10 [m]とする．

解答

液面上を A 点，噴出点を B 点とする．

$\dfrac{V_A{}^2}{2g}+\dfrac{p_A}{\rho g}+H_A=\dfrac{V_B{}^2}{2g}+\dfrac{p_B}{\rho g}$

$V_A=0$，$p_A-p_B=0$ なので，

$V_B=\sqrt{2gH_A}$

$=\sqrt{2\times 9.8\times 10}=14.0$ [m/s]

流量 $Q=A_B V_B=\dfrac{\pi}{4}d_B{}^2 V_B=\dfrac{\pi}{4}\times 0.04^2\times 14.0=1.758\times 10^{-2}$ [m³/s]

必要な力

$F=\rho QV_B=1000\times 1.758\times 10^{-2}\times 14.0=246$ [N]

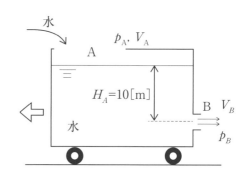

ドリル **no.5**　class　　no.　　name

☆2　**問題 5.1**　図のように，断面積 A のノズルから，密度 ρ の噴流が流速 V で十分に広い壁面に垂直に衝突し，その後壁面に沿って二方向に分流する．そのとき，壁面が受ける力 F とその向き α を求めよ．ただし，この噴流は大気にさらされているため，ノズル出口断面，流体出口断面および噴流と大気が触れている自由表面での圧力は大気圧（ゲージ圧 =0）である．また，流体は理想流体，流れは定常流れ，重力による影響は無視できるものとする．

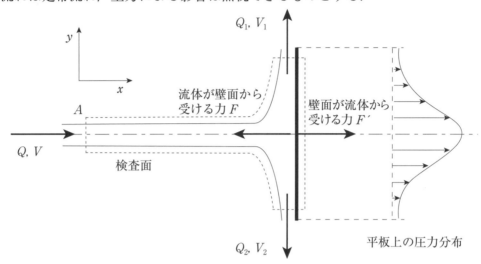

図　平板に垂直に衝突する噴流

参考

（運動量の法則）

検査面内の流体に対する運動量の法則は，

$$\underbrace{\rho Q \vec{v}_2}_{\text{出口の運動量}} - \underbrace{\rho Q \vec{v}_1}_{\text{入口の運動量}} = \overbrace{\underbrace{\vec{F}}_{\text{流体が壁面から受ける力}} + \underbrace{p_1 A_1 \vec{e}_{n1}}_{\text{入口断面の圧力による力}} + \underbrace{p_2 A_2 \vec{e}_{n2}}_{\text{出口断面の圧力による力}}}^{\text{検査面内の流体が受ける力}}$$

(A)

である．ただし，$\vec{e}_{n1}$ および $\vec{e}_{n2}$ は，それぞれ入口断面および出口断面における，検査面に対して内向きの単位法線ベクトルである．そして，壁面が流体から受ける力 $\vec{F'}$ は $\vec{F'} = -\vec{F}$ である．

つまり，式(A)は

$$\underbrace{\rho Q_1 \begin{pmatrix} 0 \\ V_1 \end{pmatrix}}_{\text{上側出口の運動量}} + \underbrace{\rho Q_2 \begin{pmatrix} 0 \\ -V_2 \end{pmatrix}}_{\text{下側出口の運動量}} - \underbrace{\rho Q \begin{pmatrix} V \\ 0 \end{pmatrix}}_{\text{入口の運動量}} = \underbrace{\begin{pmatrix} F_x \\ F_y \end{pmatrix}}_{\text{流体が壁面から受ける力}}$$

(B)

となる．噴流の水脈上では圧力は大気圧であるので，ベルヌーイの定理より，

$$V = V_1 = V_2$$

(C)

である．もちろん，検査面の上側出口と下側出口での流量は等しく，

$$Q_1 = Q_2 = \frac{Q}{2}$$

(D)

である．検査面入口での流量 Q は，$Q = AV$ である．従って，$F_x = -\rho QV$, $F_y = 0$ となる．壁面が流体から受ける力 $\vec{F'}$ は，$\vec{F}$ の反力なので，

$$\begin{pmatrix} F'_x \\ F'_y \end{pmatrix} = \begin{pmatrix} -F_x \\ -F_y \end{pmatrix} = \begin{pmatrix} \rho QV \\ 0 \end{pmatrix} = \begin{pmatrix} \rho A V^2 \\ 0 \end{pmatrix}$$

> (E)
>
> であり，力の向き α は，
>
> $$\alpha = \tan^{-1}\left(\frac{F_y'}{F_x'}\right) = 0 \,[\text{rad.}]$$
>
> である．つまり，x 軸の正方向である．
>
> (F)

☆2　**問題 5.2**　問題 5.1 は，噴流が十分広い壁面に衝突する場合であったが，本問では図のように，断面積が A の噴流が流速 V で小さい平板に衝突し，角度 θ で二方向に分流する場合を考える．このとき，平板が流体から受ける力 F' を求めよ．

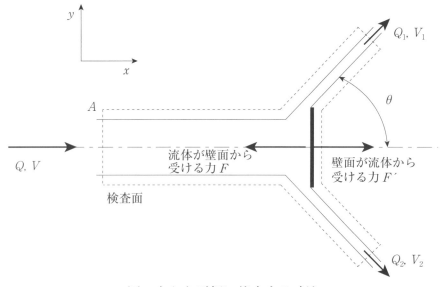

図　小さな平板に衝突する噴流

☆2　**問題 5.3**　問題 5.2 において，噴流が流れさる角度 θ が 90° より大きくなる場合について考える．図のように，噴流が"水受け"に衝突する場合，水受けが流体から受ける力 F' を求めよ．

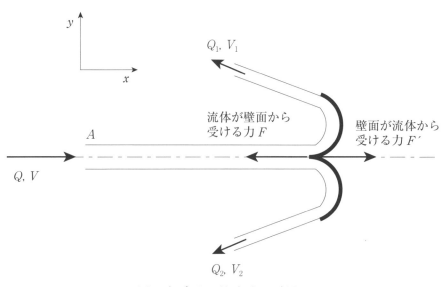

図　水受けに衝突する噴流

☆2 **問題 5.4** 図のように，断面積 A のノズルから密度 ρ の噴流が，角度 θ で設置された，十分に広い平板に，流速 V で衝突し，平板に沿って二方向に分流している．このとき，次の場合について，平板が流体から受ける力 F を求めよ．
(1) 平板が静止している場合．
(2) 平板が速度 U（$V>U$）で噴流と同じ向きに動いている場合．
ただし，この噴流は大気にさらされているため，ノズル出口断面，流体出口断面および噴流と大気が触れている自由表面での圧力は大気圧（ゲージ圧＝0）である．また，流体は理想流体，流れは定常流れ，重力による影響は無視できるものとする．

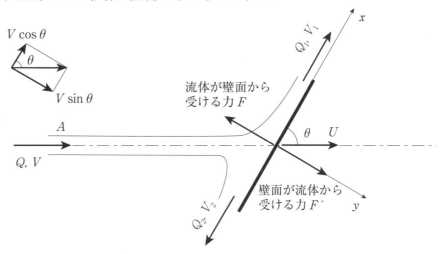

図　斜めに設置された平板に衝突する噴流

☆2 **問題 5.5** 図のように，断面積 A のノズルから密度 ρ の噴流が，水平面内に設置された二次元の曲板の一方から接線方向（x 軸と平行な方向）に流速 V で流入し，流れの方向を変えられている．このとき，次の場合について，曲板が流体から受ける力 F とその向き α を求めよ．
(1) 曲板が静止している場合．
(2) 曲板が速度 U（$V>U$）で噴流と同じ向きに動いている場合．
ただし，この噴流は大気にさらされているため，ノズル出口断面，流体出口断面および噴流と大気が触れている自由表面での圧力は大気圧（ゲージ圧＝0）である．また，流体は理想流体，流れは定常流れ，重力による影響は無視できるものとする．

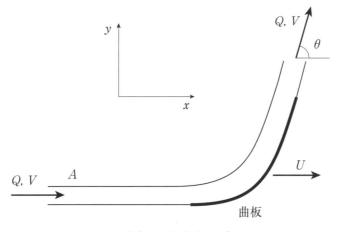

図　曲板に衝突する噴流

☆2 **問題 5.6** 図のように，紙面に垂直方向の幅 1 [m] をもつ三角柱に，同じ 1 [m] の幅をもつ厚さ 20 [mm] のシート状の水噴流（密度 $\rho = 1000$ [kg/m³]）が速度 10 [m/s] で衝突する．噴流は，水平から 45° および 30° の角度をもつ 2 つの噴流に分かれ，同じ速度 10 [m/s] で後方に流れ去る．45° に曲げられた噴流の厚さが 12 [mm] のとき，三角柱に作用する水平方向および垂直方向の力を求めよ．

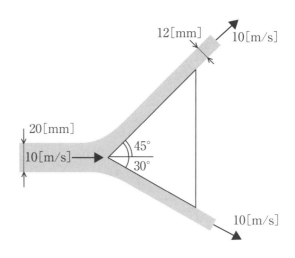

☆2 **問題 5.7** 図のようなバーカー水車があるとする．内径 20 [mm] の 4 本のノズル（回転半径 1 [m]）から，それぞれ 0.005 [m³/s] の水を放出している．水車の回転数が 60 [rpm] のとき，水車の動力を計算せよ．
※文献 2) を参考にした．

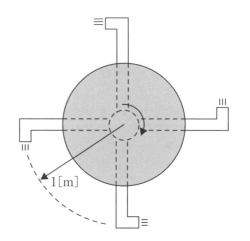

☆2 **問題 5.8** 図のような水平に置かれた矩形ダクト内の流れを考える．入口断面は 50×100 [mm]の長方形で，50×50 [mm]の正方形断面の出口まで幅が縮小し，$60°$ だけ曲げられるものとする．このダクト内を，密度 1000 [kg/m³]の水が流量 6 [L/s]で流れている．ダクト内の損失ヘッドを 0 と仮定し，出口の圧力が大気圧(10^5 [Pa])に等しいとき，水がダクトに及ぼす力の x, y 方向成分(F_x, F_y)を求めよ．なお，座標系は水平面内に取り，入口における流れの方向を x 軸とする．

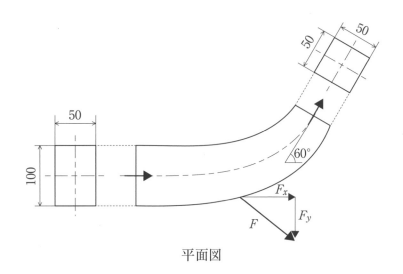

平面図

☆3 **問題 5.9** 図のようなフランシス水車において，$R_1 = 3.0$ [m]，$R_2 = 2.0$ [m]，$\beta_1 = 95°$，$\beta_2 = 150°$，羽根車の紙面に垂直方向の幅が 0.3 [m]である．この水車の回転数が 36 [rpm]で，20 [m³/s]の水が流入するとき，羽根車の受けるトルクおよび発生動力を求めよ．なお，羽根の厚みは無視する．
※文献 2)を参考にした．

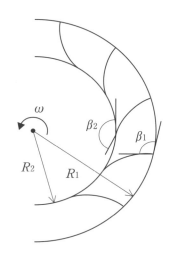

☆3　問題 5.10　図のような遠心式羽根車がある．内径は 0.1 [m]，外径は 0.3 [m]で，流入部と流出部の面積比は 1:3，羽根車の出口羽根角 45° である．また，流体は予旋回なく流入する．入口流入速度を 10 [m/s]，羽根車回転数を 2000 [rpm]として，入口羽根角を求めよ．また，出口半径方向速度を求めよ．入口と出口での速度三角形をかけ．また，オイラーヘッドを求めよ．

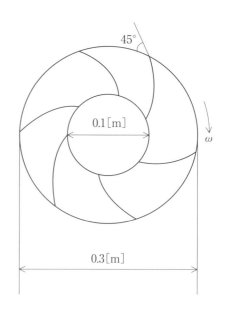

☆3　問題 5.11　図のような軸流式羽根車がある．羽根車の入口羽根角 45°，出口羽根角 60° である．流体は，羽根車回転数を $\dfrac{9000}{\pi}$ [rpm]として，半径 0.1 [m]での速度三角形をかけ．また，オイラーヘッドを求めよ．

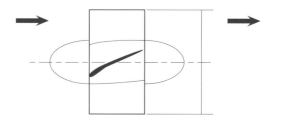

☆3 **問題 5.12** A君は飛行機の市販模型を用いた空力の実験をしようと考えた．模型の大きさを考慮し，テストセクションがある矩形部分の断面は幅 0.5 [m]，高さ 0.5 [m] の矩形断面とする．レイノルズ数 Re の相似則を完全に満たすことは困難なので，$Re>10^5$ を目標に，流速 U を 5 [m/s] と設定し，図に示すような水面 A からテストセクションを通って水面 M へと流れる回流水槽を考えた．矩形断面部分 E-I は，F-G 間，H-I 間以外の抵抗を無視する．F-G 間の整流装置全体の抵抗係数は $\zeta=1.5$ で，H-I 間の整流金網の抵抗係数は $\zeta=0.5$ である．その前後に接続されている円形断面配管 B-E および I-L は，内径 d が 250 [mm] の内面がなめらかな金属管で，管摩擦係数 $\lambda=0.002$ であり，管摩擦以外の損失はない．

(1) 円形配管内での平均流速 v_p とその速度ヘッド h_{vp} を求めよ．

(2) このとき，各配管 (B-D, D-E, I-J, J-L) と各装置 (F-G, H-I) の損失ヘッド (h_{BD}, h_{DE}, h_{IJ}, h_{JL}, h_{FG}, h_{HI}) を求めよ．

(3) ポンプに必要な全揚程はいくらか．

(4) ポンプを D 点においたとする．このとき，水槽水面 (A) から，水槽水面 (M) までの静圧分布を模式的に書け．

(5) 使用するポンプの回転数 n を 600 [rpm] としたとき，比速度 N_s の慣用式を記し，その有意義な用途を述べよ．

(6) 以下，ポンプ羽根車を遠心式とし，内径 $r_1=100$ [mm]，外径 $r_2=400$ [mm]，入口厚さ $t_1=400$ [mm]，出口厚さ $t_2=100$ [mm]，予旋回なしと考える．羽根車入口，出口での羽根の周速度 u_1, u_2 を求めよ．

(7) このとき，羽根車入口，出口での流入，流出（半径方向）速度 v_{1m}, v_{2m} を求めよ．

(8) この羽根車の入り口羽根角 β_1 について，$\tan\beta_1$ をもとめよ．

(9) (3) でもとめた全揚程がオイラーヘッドと等しいとし，オイラーの式から出口における絶対速度の周方向成分 v_{u_2} を求めよ．

(10) この流体機械の入り口，出口における速度三角形の概形を書き，それぞれの速度（絶対速度 v，相対速度 w，周速度 u）と羽根角 β も付記せよ．

(11) ポンプの設置位置について C, D, K を候補とし，A君にその違いを説明しアドバイスせよ．

(12) A君に，ポンプの始動方法について簡単な理由とともにアドバイスせよ．

(13) 使用中に，水槽の水面が水の蒸発で低下した．A-B 間で生じることが懸念される現象について述べよ．

(14) 以上を踏まえ，この回流水槽の問題点の対処法があれば何でも指摘せよ．

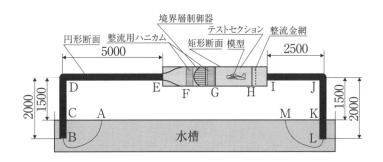

☆3 　問題 5.13　静岡県御前崎に転居した A 氏は，この地方の風が強いことを知り，図 1 のような風力発電装置を作成しその電力をポンプに利用することにした．この風力発電装置の風車はプロペラ式で，プロペラ直径が 3.0 [m] であった．図 2 のようなプロペラ風車をすぎる検査領域を考え，各断面の状態について，風車の十分上流を 1，下流を 2，プロペラの直前を in，直後を out の添字で表す．計算では有効数字にも配慮し，使用した密度等の物性値は適宜明示せよ．

(1) 検査領域の断面積は，風車を通過することで大きくなる．この現象について説明せよ．
(2) このとき，"風車の前方(1)と直前(in)"，"風車の直後(out)と後方(2)"についてベルヌーイの式でエネルギー関係を記述せよ．
(3) 上の 2 つの式から圧力差 $p_{out} - p_{in}$ をもとめ，プロペラ面積を A_p としてプロペラにかかる力 F を表せ．
(4) プロペラをすぎる風速を V_p，そのときの断面積を A_p として検査領域における運動量の変化からプロペラに加わる力 F を表せ．
(5) v_p を v_1, v_2 を用いて表せ．
(6) いま出力係数 $C_p = 0.41$ で，風速が $V_1 = 10$ [m/s] のとき，この風車の出力を計算せよ．
(7) この電力（動力）を使って効率 $\eta_p = 0.78$ の電動ポンプを使用して 5.0 [m] 上の水槽に水を汲み上げるとき，流量 Q はいくらになるか．管路損失は無視する．
(8) このとき，ポンプは遠心式で回転数は 2700 [rpm]，羽根車の入り口で直径 50 [mm]，羽根幅 25 [mm]，出口では直径 100 [mm]，羽根幅 10 [mm] であった．羽根車入り口と出口のメリディアン速度 v_{m_1}, v_{m_2} を求めよ．
(9) 羽根車入り口と出口の周速度 u_1, u_2 を求めよ．
(10) 予旋回がないとして流入角 β_1 を求め羽根車入り口での速度三角形を描け．
(11) 転向角が 10 [deg] とすれば流出角 β_2 はいくらになるか
(12) β_2 から相対速度 w_2，絶対速度の周方向成分 v_{u_2}，絶対速度 v_2 をもとめ羽根車出口での速度三角形を描け．ただし，$\tan(35°) = 0.7$, $\tan(55°) = 1.4$ とする．
(13) このときのオイラーヘッド H_{th} を求めよ．
(14) 運動エネルギーの変化の寄与 H_v のオイラーヘッド H_{th} に対する比率を求めよ．

図 1

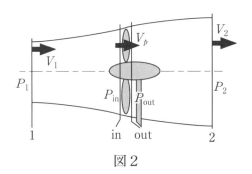

図 2

チェック項目	月　日	月　日
噴流，垂直平板，傾斜平板が理解できたか？		

6 流動抵抗と揚力

流動抵抗，揚力，抵抗係数，揚力係数が理解できる．

6.1 流動抵抗と揚力の定義式

速度 V [m/s]を有する一様な流れの中に置かれた物体に働く流動抵抗 F_D [N]と揚力 F_L [N]は次式で与えられる．

$$F_D = C_D A_p \frac{1}{2} \rho V^2$$

$$F_L = C_L A_p \frac{1}{2} \rho V^2$$

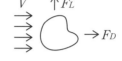

ここで，C_D は抵抗係数 [—]，A_p は流れの方向に垂直な平面に物体を投影したときの面積，すなわち投影面積 [m^2]，ρ は流体の密度 [kg/m^3]，C_L は揚力係数 [−] である．

6.2 抵抗係数

・球の抵抗係数

$$C_D = \frac{24}{\mathrm{Re}} \quad (\text{ストークスの抵抗則} \quad \mathrm{Re} < 1)$$

$$C_D = \frac{10}{\mathrm{Re}^{1/2}} \quad (\text{アレンの抵抗則} \quad \mathrm{Re} = 30 \sim 300)$$

$$C_D = 0.44 \quad (\text{ニュートンの抵抗則} \quad \mathrm{Re} = 300 \sim 10^5)$$

$$\mathrm{Re} = \frac{VD}{\nu}, \quad A_p = \frac{\pi}{4} D^2$$

・円柱の抵抗係数

直径 D，長さ L の円柱（$L \gg D$）が流れの方向に垂直に置かれたときの抵抗係数は以下のようになる．

$$C_D = \frac{8\pi}{\mathrm{Re}^{(2.002 - \ln \mathrm{Re})}} \quad (\mathrm{Re} < 0.5)$$

$$C_D = \left(0.707 + \frac{3.42}{\mathrm{Re}^{1/2}}\right)^2 \quad (\mathrm{Re} = 5 \sim 40)$$

$$C_D = 1.2 \quad (\mathrm{Re} = 2 \times 10^4 \sim 2 \times 10^5)$$

$$\mathrm{Re} = \frac{VD}{\nu}, \quad A_p = DL$$

6.3 揚力係数

球や流れの方向に垂直におかれた円柱などを除き，一般に複雑な形状の物体には抗力の他に揚力が働く．個々の物体の揚力係数については文献を参照されたい．

例題 6.1 速度 $v=20$ [m/s] の一様な空気の流れの中に直径 $D=10$ [cm] の球が固定されている．球に働く流動抵抗 F_D を求めよ．ただし，空気の密度は $\rho=1.2$ [kg/m³]，抵抗係数 $C_D=0.44$ とする．

解答

$D=10$ [cm] $=10\times 10^{-2}$ [m]

$A_p = \dfrac{\pi}{4}D^2 = \dfrac{3.14}{4}\times(10\times 10^{-2})^2 = 7.85\times 10^{-3}$ [m²]

$F_D = C_D A_p \dfrac{1}{2}\rho v^2$

$= 0.44\times 7.85\times 10^{-3}\times 1/2\times 1.2\times(20)^2$

$= 0.829$ [N]

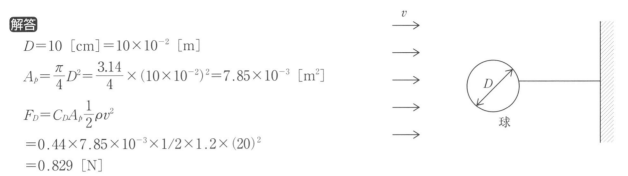

例題 6.2 直径 $D_p=5.0$ [cm]，密度 $\rho_p=3000$ [kg/m³] の球が水中を終速度 $v_{p\infty}$ で降下している．球の重さ W_p [N]，球に働く浮力 F_B [N]，終速度 $v_{p\infty}$ [m/s] を求めよ．ただし，水の密度は $\rho_p=998$ [kg/m³]，抵抗係数は $C_D=0.44$ とする．

解答

$D_p=5.0$ [cm] $=5.0\times 10^{-2}$ [m]

$W_p = \rho_p V_p g = \dfrac{\pi}{6}\rho_p D_p^3 g$

$= \dfrac{3.14}{6}\times 3000\times(5.0\times 10^{-2})^3\times 9.80$

$= 1.923$ [N]

$F_B = \rho_L V_p g = \dfrac{\pi}{6}\rho_L D_p^3 g = \dfrac{3.14}{6}\times 998\times(5.0\times 10^{-2})^3\times 9.8$

$= 0.640$ [N]

終速度で落下する場合には次の関係がある．

$W_p = F_B + F_D$

$\qquad = F_B + C_D \dfrac{\pi}{4}D_p^2\dfrac{1}{2}\rho_L v_{p\infty}^2$

$v_{p\infty} = \left[\dfrac{8(W_p - F_B)}{C_D \pi D_p^2 \rho_L}\right]^{\frac{1}{2}}$

$= \left[\dfrac{8(1.923-0.640)}{0.44\times 3.14\times(5.0\times 1.0^{-2})^2\times 998}\right]^{\frac{1}{2}}$

$= 1.73$ [m/s]

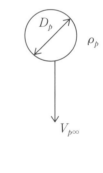

| ドリル　no. 6 | class | no. | name |

☆1　**問題 6.1**　河原で凧あげを行った．凧糸がたるまずに水平方向と $\theta=75°$ の角度をなした状態で凧が上空に静止した．このとき，凧に作用している抗力 D と揚力 L の比（揚抗比 $\frac{L}{D}$）を求めよ．
※文献 1) を参考にした．

☆1　**問題 6.2**　飛行機の抵抗係数が $C_D=0.2$ のとき，この飛行機を時速 300 [km/h] で飛ばすのに必要なエンジン推力を求めよ．この飛行機の前面投影面積 A は $A=6.0$ [m^2]，空気の密度は $\rho=1.2$ [kg/m^3] とする．

☆2 **問題 6.3** 一様に流れている風（空気）の流速が 10 [m/s] のとき，その中に一辺が 10 [cm] の立方体物体を一つの面が流れの方向に垂直になるように置いたところ，抵抗力を計測したら 0.60 [N] であった．空気の密度を 1.2 [kg/m³] として，このときの抵抗係数 C_D を求めよ．

☆2 **問題 6.4** スポーツカーと乗用車がある．それぞれの前面投影面積 A と抵抗係数 C_D は，$A_{sc}=1.0$ [m²]，$C_{Dsc}=0.29$，$A_{cp}=2.0$ [m²]，$C_{Dcp}=0.31$ であった．時速 50 [km/h] の時の両車両の抵抗力の比を求めよ．また，時速 100 [km/h] の時はどうか求めよ．

☆2　**問題 6.5**　一様流中に置かれた物体に働く流動抵抗 F_D を表す式を書け．

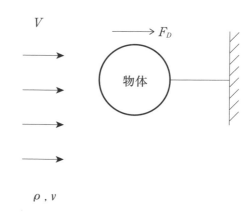

☆2　**問題 6.6**　図のように，車体の流れ方向投影面積が $A=5.0\ [\mathrm{m}^2]$，抗力係数が $C_D=0.5$ の自動車が時速 $U=50\ [\mathrm{km/h}]$ で静止空気中を直進するときの抗力 D を求めよ．また，10 [m/s] の速さの向かい風が吹いているときの抗力が，静止空気中の抗力の何倍になるか計算せよ．ただし，空気の密度は $\rho=1.2\ [\mathrm{kg/m}^3]$ とする．
※文献 1) を参考にした．

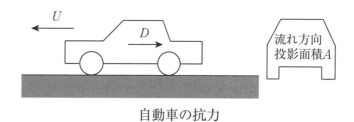

自動車の抗力

☆2　問題 6.7　ベルヌーイの定理を用いて流動抵抗 F_D に対する次式を導け．

$$F_D = C_D A_p \frac{1}{2} \rho V^2$$

☆3　問題 6.8　スポーツにはサッカーや野球，テニス，ゴルフのような球形のボールを使うものがある．代表的な形状の物体では，多くの実験結果から抵抗係数が求められている．いま，単純に後述のような初期状態を与えられたとき，数値計算で簡素にボールの軌跡の概形を求める方法を，ボールが射出されたのち，ある時間で区切り，その間は速度が一定として考えよ．水平方向 x と垂直上方向 y とし，それぞれの速度成分を考える．$F = \left(\frac{1}{2}\rho u^2\right) A \, C_D$ 前面投影面積 A，射出角 $\theta_0°$，初速 u_0 のとき，射出から時間 Δt 後の速度成分を求めよ．

チェック項目	月　日	月　日
流動抵抗，揚力，抵抗係数，揚力係数が理解できたか？		

7 境界層

平板境界層，境界層厚さ，排除厚さ，運動量厚さ，壁面せん断応力

7.1 平板層流境界層

・境界層厚さ δ [m]

$$\delta = 5.0\sqrt{\frac{\nu x}{V}} \quad (v = 0.99V \text{ のとき})$$

・排除厚さ δ_D [m]

$$\delta_D = \int_0^\infty \frac{V-v}{V} dy = 1.721\sqrt{\frac{\nu x}{V}}$$

・運動量厚さ δ_M [m]

$$\delta_M = \int_0^\infty \frac{v}{V}\frac{V-v}{V} dy = 0.664\sqrt{\frac{\nu x}{V}}$$

・壁面せん断応力 τ_W [Pa]
  ○局所値

$$\tau_w = C_f \frac{\rho V^2}{2}$$

$$C_f = 0.664\left(\frac{Vx}{\nu}\right)^{-\frac{1}{2}}$$

  ○平均値

$$C_{fm} = 1.328\left(\frac{VL}{\nu}\right)^{-\frac{1}{2}}$$

ここでνは動粘度 [m²/s]，xは平板の前縁からの距離 [m]，Vは平板へ近寄ってくる一様流の速度 [m/s]，C_fとC_{fm}は抵抗係数 [−]，Lは平板の長さである。

7.2 臨界レイノルズ数 Re_{xc} [−]

$$\mathrm{Re}_{xc} = \frac{Vx}{\nu} = 5 \times 10^5$$

7.3 平板乱流境界層

・境界層厚さ δ [m]

$$\delta = 0.37x\left(\frac{Vx}{\nu}\right)^{-\frac{1}{5}}$$

・排除厚さ δ_D [m]

$$\delta_D (\delta^* \text{を用いる場合もある}) = 0.0463x\left(\frac{Vx}{\nu}\right)^{-\frac{1}{5}}$$

・運動量厚さ δ_M [m]

$$\delta_M (\theta \text{を用いる場合もある}) = 0.036x\left(\frac{Vx}{\nu}\right)^{-\frac{1}{5}}$$

・壁面せん断応力 τ_w [Pa]
  ○局所値

$$\tau_w = 0.0225\rho U^2 \left(\frac{\nu}{U\delta}\right)^{\frac{1}{4}}$$

$$\mathrm{Re}_x = \frac{Vx}{\nu}$$

  ○平均値

$$C_{fm} = 0.455(\log \mathrm{Re}_L)^{-2.58} \text{ (実験式)}, \quad C_{fm} = 0.074(\mathrm{Re}_L)^{-\frac{1}{5}} \left(\frac{1}{7}\text{乗則より}\right)$$

$$\mathrm{Re}_L = \frac{VL}{\nu}$$

例題 7.1

下記の文章は，図1に示すような，粘性流体中を無限の長さをもつ平板が時刻 $t=0$ に突然一定速度 U_0 で水平方向に動きだしたときの流れについて述べたものである．□に入る適切なことばを記せ．

本問題では，y 方向に流れはなく（一方向流），x 方向に速度の変化はない．無限遠方（$y \to \infty$）では流体は静止している（$u \to 0$）ので，ナビエ・ストークス方程式は次のように簡略化される．

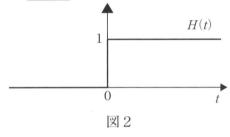

図1

$$\frac{\partial u}{\partial t} = \nu \frac{\partial^2 u}{\partial y^2} \tag{A}$$

この微分方程式は熱伝導方程式と同じである．境界条件は，図2で定義されるヘビサイド関数 $H(t)$ を用いて，平板壁面上（$y=0$）で $u=U_0 H(t)$ と記述される（ (1) の境界条件）．

本問題を無次元化しようとしたとき，具体的な代表長さが存在しない．このような場合，代表長さとして (2) [m]が用いられる．この長さは平板から法線方向に粘性拡散が伝わる距離に関係しており，境界層の存在を示唆している．詳細は割愛するが，式(A)は y を代表長さ (2) で無次元化した無次元数

$$\eta = \frac{y}{(2)} \tag{B}$$

を用いて次式のように解かれる．

$$u = U_0 \left[1 - \frac{2}{\sqrt{\pi}} \int_0^{\frac{\eta}{2}} exp(-s^2) ds \right] = U_0 \, erfc\left(\frac{\eta}{2}\right) \tag{C}$$

なお，$erfc$ は余誤差関数と呼ばれている．図3は式(C)を描いたものである．

図3に示すように，通常，境界層は平板から $\frac{u}{U_0} = $ (3) になるまでの領域として定義されており（特に，本問題の境界層を (4) という），本問題の場合，その厚さ δ は $\delta = 3.64$ (2) となる．

上述のように，無限平板が急に発進するとき，平板から厚み $\delta \approx 3.64\sqrt{\nu t}$ の範囲で粘性の影響が効き，その領域を境界層と呼ぶ．この境界層厚さ δ は，代表長さを L，代表速度を U，$t=\frac{x}{U}$ としたとき，$\delta \propto $ (2) $= \sqrt{\nu \frac{x}{U}} = \sqrt{\frac{\nu}{UL} xL} = L\sqrt{\frac{x}{L}\frac{1}{\mathrm{Re}}}$ のように変形できることを考慮すると，$\frac{\delta}{L} \propto \sqrt{\frac{x}{L}}\sqrt{\frac{1}{\mathrm{Re}}}$ であることが分かる．つまり，境界層厚さはレイノルズ数の (5) 乗に比例して薄くなる．

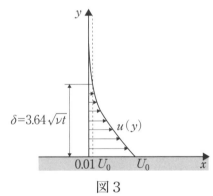

図3

解答

(1) すべり無し，(2) $\sqrt{\nu t}$，(3) 0.01，(4) レイリー層，(5) $-\frac{1}{2}$

例題 7.2 下記の文章は，境界層について概説したものである．□に入る適切なことばを記せ．

流線形のように流れの □(1)□ が生じにくい物体が，レイノルズ数の大きい流れの中にある場合には，物体まわりの流れは □(2)□ 流体の流れと非常によく似ている．しかし，物体の表面に近い薄い領域の中では，物体表面から離れるにつれて速度が □(3)□ からある大きさまで急激に変化するので，流体の □(4)□ による影響が強く現れる．

一般の物体まわりの流れは，このような □(5)□ の部分と，□(5)□ が物体表面から □(1)□ して流れ出る速度の遅い部分すなわち後流（□(6)□ ともいう）の部分と，それらの外側の □(2)□ 流体の流れと見なせる部分とに分けることができる．□(5)□ 内では速度 u は漸近的に □(5)□ 外の速度 U に達するので，下図のように □(5)□ 外の速度 U の □(7)□ ％ の速度になった物体表面からの距離 δ を □(8)□ と定義している．

□(5)□ の特性を表すのに，次式で表される □(9)□ と □(10)□ がよく用いられる．

□(9)□ : $\delta_D = \int_0^\infty \left(1 - \dfrac{u}{U}\right) dy$ \hfill (A)

□(10)□ : $\delta_M = \int_0^\infty \dfrac{u}{U}\left(1 - \dfrac{u}{U}\right) dy$ \hfill (B)

式(A)を，$U\delta_D = \int_0^\infty (U-u)\,dy$ のように変形する．そのとき，一様流 U が流れる場合に比べ，□(5)□ の影響で $U\delta_D$（ここで，$\int_0^\infty (U-u)\,dy$ は下図で灰色で示される面積を表す）だけ流量が少なくなる．このことから，δ_D は下図において灰色部分の面積と長方形 ABCD の面積が等しくなる y の値であり，□(5)□ が生成したために，□(5)□ 外の流れが平均して δ_D だけ外側に排除されたと考えられる厚さである．したがって，□(5)□ 外の □(2)□ 流体の流れに対しては，物体表面が厚さ δ_D だけ盛り上がったことに相当する．

また，式(A)の両辺に密度 ρ を掛け，$\rho U^2 \delta_M = \rho \int_0^\infty u(U-u)\,dy$ のように変形すると，$\rho U^2 \delta_M$ は □(5)□ による □(11)□ の減少量に相当することが分かる．このことから，δ_M は □(5)□ 内を通る流体の単位時間あたりの □(11)□ の消失が，壁面が無いときに速度 U で厚さ δ_M の部分を単位時間に通過する □(11)□ に等しくなるように選んだ厚さである．

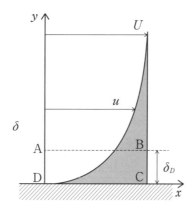

図 4δ_D．長方形 ABCD の面積（$U\delta_D$）は灰色の面積（$\int_0^\infty (U-u)\,dy$）と等しい．

[解答]
(1) はく離，(2) 完全，(3) 零，(4) 粘性，(5) 境界層，(6) ウェイク，(7) 99，(8) 境界層厚さ，(9) 排除厚さ，(10) 運動量厚さ，(11) 運動量

ドリル **no.7**　　class　　　no.　　　name

☆1　問題 7.1　次の文章の□に適切なことばを記せ．

物体表面近傍の (1) の内部では，速度勾配に応じて (2) 力による摩擦力が生じる．流体の運動エネルギーは，摩擦力によって熱エネルギーへと変換されるため，表面に近い流体は (3) されることになる．流れ方向に圧力が増加するような条件のもとでは，流体の (3) が進み，下図のように速度勾配が (4) になると，圧力勾配に逆らいながら表面に沿って流れることができなくなり，物体から離れる現象が発生する．これを (5) という．

レイノルズ数が大きい流れは (6) 力が支配的な流れであり，物体壁面から離れた位置の主流と同程度の速度をもつ流体が物体の近傍まで到達し，速度急変領域が極めて (7) い層になると考えることができる．レイノルズ数が大きい乱流のときに，はく離点はより (8) 側に移動することが知られている．これは円柱表面近傍まで速度の大きい領域となるため，正の圧力勾配（流れ方向に圧力が増加する）に抗してはく離せずに流れるためである．

※文献1)を参考にした．

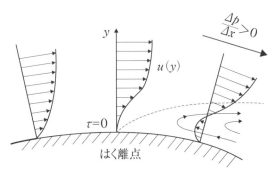

☆1　問題 7.2　次の文章の□に適切なことばを記せ．

図に示すように，物体の前面には流体が衝突し，速度が0となる点が生じる．これを (1) 点という．物体表面に沿って運動する流体が物体表面からはがれると，物体の背面にはよどみ点の圧力よりも圧力が (2) い領域が形成される．そのため物体の正面の圧力が (3) く，背面の圧力が (2) いという不均衡が生じ (4) が発生する．これを (5) 抗力という． (5) 抗力の要因は正面と背面の圧力差であるが，圧力差は物体の形状に依存するため (6) 抗力という場合もある．

さらに物体表面には，流体の粘性のために生じる，せん断応力に起因する (7) 力が作用する．物体の全表面にわたって摩擦力の総和を求めたものを (7) 抗力という．

物体に働く全抗力は (5) 抗力と (7) 抗力を合わせたものである．

※文献1)を参考にした．

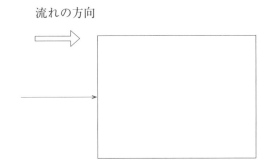

☆1　**問題 7.3**　図のような幅 3 [m]，長さ 8 [m] の滑らかな平板が 20℃ の静止水中を 5 [m/s] で動く場合，板前縁付近に生成される層流境界層部分の長さを求めよ．また，板全長にわたって乱流境界層であるとした場合，板の両面における摩擦抵抗はいくらになるか．ただし，水の密度を $\rho = 1000$ [kg/m³]，動粘度を $\nu = 1.01 \times 10^{-6}$ [m²/s] とする．

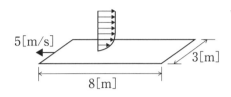

☆1　**問題 7.4**　空気中に水平に置かれた平板への近寄ってくる流れの速度が $U = 0.20$ [m/s]，前縁からの距離が $x = 1.20$ [m] のときの局所せん断応力 τ_w を求めよ．ただし，空気の密度を $\rho = 1.2$ [kg/m³]，動粘度を $\nu = 1.5 \times 10^{-5}$ [m²/s] とする．

☆1 **問題 7.5** 空気中に流れの方向に平行に置かれた長さ $L=3.5$ [m], 幅 $B=2.0$ [m]の平板の片面に働く力を求めよ. ただし, 平板へ近寄ってくる流れの速度を $U=0.20$ [m/s], 空気の密度を $\rho = 1.2$ [kg/m³], 動粘度を $\nu=1.5\times10^{-5}$ [m²/s]とする.

☆1 **問題 7.6** 空気中に水平に置かれた平板へ近寄ってくる流れの速度が $U=1.5$ [m/s], 前縁からの距離が $x=6.0$ [m]のときの局所せん断応力 τ_w [Pa]を求めよ(下図). ただし, 空気の密度を $\rho = 1.2$ [kg/m³], 動粘度を $\nu=1.5\times10^{-5}$ [m²/s], 臨界レイノルズ数を $\mathrm{Re}_{xc}=5\times10^5$ であるとする.

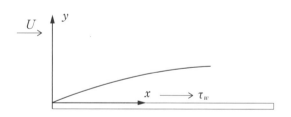

☆1 **問題 7.7** 空気中に流れの方向に平行に置かれた長さ $L=3.5$ [m]，幅 $B=2.0$ [m]の平板の片面に働く摩擦抵抗 F_f を求めよ．ただし，平板への近寄り流れの速度を $U=4.5$ [m/s]，空気の密度を $\rho = 1.2$ [kg/m^3]，動粘度を $\nu_f = 1.5 \times 10^{-5}$ [m^2/s]，流れは平板上のいたるところで乱流であるとする．

☆2 **問題 7.8** 空気中に水平に置かれた平板への近寄ってくる流れの速度 U が 0.20 [m/s]，前縁からの距離 x が 1.20 [m]のとき，3種類の層流境界層厚さ $d_{0.99}$，排除厚さ δ^*，運動量厚さ θ を求めよ．ただし，空気の動粘度を $\nu = 1.5 \times 10^{-5}$ [m^2/s]とする．

☆2 **問題 7.9** 水中に水平に置かれた平板へ近寄ってくる流れの速度が $U=1.5$ [m/s], 前縁からの距離が $x=3.0$ [m] のときの境界層厚さ δ, 排除厚さ δ^*, 運動量厚さ θ を求めよ. ただし, 水の密度を $\rho = 998$ [kg/m³], 動粘度を $\nu = 1.0 \times 10^{-6}$ [m²/s] とする. また, 臨界レイノルズ数は $\mathrm{Re}_{xc} = 5 \times 10^5$ であるとする.

☆2 **問題 7.10** 平板層流境界層内の速度分布が次式で近似されることがある.

$$\frac{v}{V} = \frac{y}{\delta}$$

排除厚さ δ_D と運動量厚さ δ_M が

$$\delta_D = \frac{1}{2}\delta, \quad \delta_M = \frac{1}{6}\delta$$

となることを示せ.

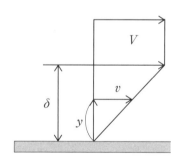

☆2　**問題 7.11**　平板乱流境界層内の速度分布は次の 1/7 乗則で近似できる．
$$\frac{v}{V} = \left(\frac{y}{\delta}\right)^{\frac{1}{7}}$$
排除厚さ δ_D と運動量厚さ δ_M が
$$\delta_D = \frac{\delta}{8}, \quad \delta_M = \frac{7}{72}\delta$$
となることを示せ．

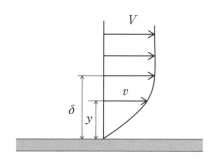

☆2　**問題 7.12**　1/7 乗則を用いると平板乱流境界層の平均抵抗係数 C_{fm} は次式で与えられる．
$$C_{fm} = 0.074 \mathrm{Re}_L^{-\frac{1}{5}} \quad (5 \times 10^5 < \mathrm{Re}_L < 10^7)$$
$\mathrm{Re}_L = 1 \times 10^6$ のとき，実験式
$$C_{fm} = 0.455(\log \mathrm{Re}_L)^{-2.58}$$
と，どの程度の相違があるか，求めよ．

☆2　問題 7.13　円管内の流れの助走区間について述べよ．

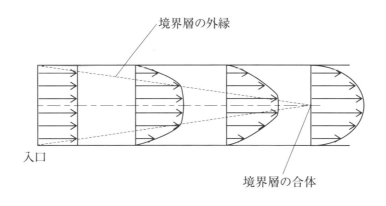

☆2　問題 7.14　円管内の流れの助走距離 L_e は層流と乱流のときどのようになるか．助走距離 L_e に対する式を書け．

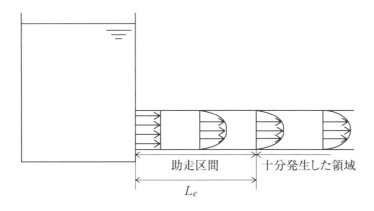

チェック項目	月　日	月　日
平板境界層, 境界層厚さ, 排除厚さ, 運動量厚さ, 壁面せん断応力が理解できたか？		

8 相似則と無次元数

> レイノルズ数，フルード数，マッハ数，ストローハル数，ウェーバー数を理解する．

8.1 相似則

例えば，非常に大きな物体の周りの流れを知りたいときには，小さなモデルを作って実験的に流れを測定し，実際の大きな物体の周りの流れを理解する方法（物理的モデリング）と流れを支配する方程式を数値計算法を用いて解いて理解する方法（数学的モデリング）の2種類がある．物理的モデリングに関しては次の2つの相似則を考えなければならない．

・幾何学的相似
・力学的相似則

実物とモデルの周りの流体粒子に働く力の比は同じでなければならない．

8.2 無次元数

・レイノルズ数 Re

$$\mathrm{Re} = \frac{VL}{\nu} \quad \left(\frac{慣性力}{粘性力}\right)$$

ここで，V は代表速度 [m/s]，L は代表長さ [m]，ν は動粘度 [m^2/s] である．

・フルード数 Fr

$$\mathrm{Fr} = \frac{V}{\sqrt{gL}}$$

あるいは，

$$\mathrm{Fr} = \frac{V^2}{gL} \quad \left(\frac{慣性力}{浮力}\right)$$

ここで，g は重力加速度 [m/s^2] である．

・マッハ数 M

$$\mathrm{M} = \frac{V}{c} \quad \left(\frac{運動エネルギー}{弾性エネルギー}\right)$$

ここで，c は音速 [m/s] である．

・ストローハル数 S_t

$$S_t = \frac{fL}{V} \quad \left(\frac{時間的加速度}{場所的加速度}\right)$$

ここで，f は代表的な周波数 [Hz] である．

・ウェーバー数 W_e

$$W_e = \frac{\rho L V^2}{\sigma} \quad \left(\frac{慣性力}{表面張力による力}\right)$$

ここで，ρ は流体の密度 [kg/m^3]，σ は表面張力 [N/m] である．

【例題】**8.1** 次に示される物理量の次元を示せ（ただし，SI単位系を使用のこと．（例）[m]，[kg]，[s]）
 (1) 質量 $[m]$，体積 $[V]$，密度 $[\rho]$，速度 $[v]$，加速度 $[\alpha]$
 (2) 慣性力 $[F]$，圧力 $[p]$，応力 $[\sigma, \tau]$，表面張力 $[\gamma]$
 (3) 粘性係数（粘度）$[\mu]$，動粘性係数（動粘度）$[\nu]$

【解答】
(1)
質量 $[m]$：$m \to$ [kg]
体積 $[V]$：$V \to$ [m³]
密度 $[\rho]$：$\rho = \dfrac{m}{V} \to$ [kg/m³]
速度 $[v]$：$v \to$ [m/s]
加速度 $[\alpha]$：$\alpha \to$ [m/s²]

(2)
慣性力 $[F]$：$F = m\alpha \to$ [kg・m/s²]
圧力 $[p]$：$p = \dfrac{F}{A} \to$ [N/m²] $= \left[\dfrac{\text{kg}\cdot\text{m}}{\text{s}^2}\dfrac{1}{\text{m}^2}\right] =$ [Pa]
応力 $[\sigma, \tau]$：$p = \dfrac{F}{A} \to$ [N/m²] $= \left[\dfrac{\text{kg}\cdot\text{m}}{\text{s}^2}\dfrac{1}{\text{m}^2}\right] =$ [Pa]
表面張力 $[\gamma]$：$\gamma = \dfrac{F}{\ell} \to$ [N/m]

(3)
粘性係数（粘度）$[\mu]$：$\text{Re}[-] = \dfrac{\rho[\text{kg/m}^3] U[\text{m/s}] L[\text{m}]}{\mu}$ より，

$\mu \to \left[\dfrac{\text{kg}}{\text{m}\cdot\text{s}}\right] = \left[\dfrac{\text{N}}{\text{m}^2}\cdot\text{s}\right] =$ [Pa・s]

動粘性係数（動粘度）$[\nu]$：$\nu = \dfrac{\mu}{\rho}$ より，$\left[\dfrac{\frac{\text{kg}}{\text{m}\cdot\text{s}}}{\frac{\text{kg}}{\text{m}^3}}\right] =$ [m²/s]

【例題】**8.2** 空気中（1気圧，20℃）を2 [m/s]の速さで飛ぶ全長1 [m]の飛行体について，流れの可視化実験を同温度の水中で行いたい．これについて以下の問いに答えよ．
 (1) 同じ大きさの飛行体を使ってレイノルズ数を同じにして実験を行うには水中における速度をいくらにすればよいか．
 (2) 全長が $\dfrac{1}{5}$ の飛行体を使い，レイノルズ数を同じにして実験を行うには水中における速度をいくらにすればよいか．

【解答】
(1) $\text{Re} = \dfrac{V_{air} L}{\nu_{air}} = \dfrac{V_w L}{\nu_w}$

$V_w = \dfrac{\nu_w}{\nu_{air}} V_{air} = \dfrac{1.004 \times 10^{-6}}{15.15 \times 10^{-6}} \times 2 = 0.133$ [m/s]

(2) $\text{Re} = \dfrac{V_{air} L}{\nu_{air}} = V_w \cdot \dfrac{\frac{1}{5}L}{\nu_w}$

$V_w = \dfrac{\nu_w}{\nu_{air}} V_{air} \times 5 = \dfrac{1.004 \times 10^{-6}}{15.15 \times 10^{-6}} \times 2 \times 5 = 0.663$ [m/s]

ドリル no.8   class   no.   name

☆1 **問題 8.1** 直径 $D_s=0.20$ [m],密度 $\rho_s=3000$ [kg/m^3] の球が速度 $V=1.5$ [m/s],密度 $\rho_L=998$ [kg/m^3],動粘度 $\nu_L=1.0\times10^{-6}$ [m^2/s] の水中に固定されている.球のレイノルズ数はいくらか.

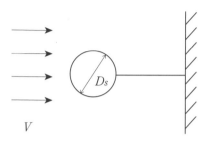

☆1 **問題 8.2** 直径 $D=3.0$ [cm] の円管内を水が流れている.層流から乱流への臨界断面平均速度 v_{mc} はいくらか.ただし,水の動粘度は $\nu_L=1.0\times10^{-6}$ [m^2/s],臨界レイノルズ数は 2320 とする.

☆2 **問題 8.3** 直径 $D_s=0.20$ [m], 密度 $\rho_s=3000$ [kg/m³] の球が速度 $V=1.5$ [m/s] で, 密度 $\rho_L=998$ [kg/m³], 動粘度 $\nu_L=1.0\times10^{-6}$ [m²/s] の静止水中を移動している. 球のフルード数の値はいくらか.

☆2 **問題 8.4** 直径 $D_s=0.20$ [m], 密度 $\rho_s=3000$ [kg/m³] の球が速度 $V=1.5$ [m/s] で密度 $\rho_L=998$ [kg/m³], 動粘度 $\nu_L=1.0\times10^{-6}$ [m²/s] の水中を移動している. 球の修正フルード数 $\mathrm{Fr}=\dfrac{\rho_s V^2}{(\rho_s-\rho_L)gD_s}$ の値はいくらか. ただし, ρ_s は個体密度, V は流速, ρ_L は流体密度, D_s は個体の直径を表す.

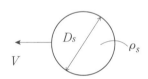

☆2 **問題 8.5** 直径 $D_s=5.0$ [cm]，密度 $\rho_s=3000$ [kg/m^3] の球が速度 $V=1.5$ [m/s] で，密度 $\rho_L=998$ [kg/m^3]，動粘度 $\nu_L=1.0\times10^{-6}$ [m^2/s] の水中に突入している．球のレイノルズ数 Re，ウエーバー数 We の値はいくらか．ただし，水の表面張力は $\sigma=0.073$ [N/m] とする．

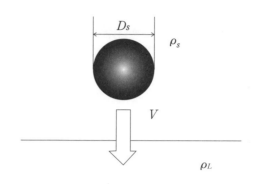

☆3 **問題 8.6** 直径 $D=1.0$ [cm] の電線に $V=10$ [m/s] の風が吹きつけている．カルマン渦が発生するかどうかを判定せよ．もし発生するならば，その放出周波数 $f_k=0.2V/D$ を求めよ．ただし，カルマン渦は Re$>$40 で発生し，空気の動粘度は $\nu_g=1.5\times10^{-5}$ [m^2/s] とする．

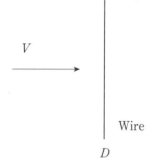

☆2　**問題 8.7**　壁面が滑らかな円管内の流れに対してバッキンガムの Π 定理を適用せよ．
　　※文献 2) を参考にした．

☆3　**問題 8.8**　問題 8.7 について，ロード・レイリーの方法を用いて関係式を求めよ．

チェック項目	月　日	月　日

ドリルと演習『水力学』解答

1.1

(1) $A = \pi R^2$

(2) $A = \pi\left(\dfrac{D}{2}\right)^2 = \dfrac{\pi}{4}D^2$

(3) $V = \dfrac{4}{3}\pi R^3$

(4) $V = \dfrac{4}{3}\pi\left(\dfrac{D}{2}\right)^3 = \dfrac{4}{3}\pi \times \dfrac{D^3}{8} = \dfrac{\pi}{6}D^3$

(5) $A = 4\pi R^2$

(6) $A = 4\pi\left(\dfrac{D}{2}\right)^2 = 4\pi \times \dfrac{D^2}{4} = \pi D^2$

(7) $A = 2\pi R^2 + 2\pi RH = 2\pi R(R+H)$

(8) $V = \pi R^2 H$

(9) $A = \pi R^2 \times \dfrac{\theta}{2\pi} = \dfrac{\theta}{2}R^2$

(10) $V = \dfrac{1}{3}\pi R^2 H$

(11) $A = \pi R^2 + \pi(\sqrt{R^2+H^2})^2 \times \dfrac{2\pi R}{2\pi\sqrt{R^2+H^2}}$

$= \pi R^2 + \pi R\sqrt{R^2+H^2}$

1.2

(1) 慣性力：$F = ma = [\mathrm{kg \cdot m/s^2}] = [\mathrm{N}]$,

(2) 圧力：$p = \rho gh = \left[\dfrac{\mathrm{kg}}{\mathrm{m^3}} \dfrac{\mathrm{m}}{\mathrm{s^2}} \mathrm{m}\right]$

$= \left[\dfrac{\mathrm{kg \cdot m}}{\mathrm{s^2}} \dfrac{1}{\mathrm{m^2}}\right] = [\mathrm{N/m^2}] = [\mathrm{Pa}]$,

(3) 動粘性係数（動粘度）：$\mathrm{Re}[-]$

$= \dfrac{U[\mathrm{m/s}]L[\mathrm{m}]}{\nu}$ より，$\nu \to [\mathrm{m^2/s}]$

(4) 粘性係数（粘度）：$\mu = \dfrac{\tau h}{U} = \left[\dfrac{\dfrac{\mathrm{N}}{\mathrm{m^2}} \cdot \mathrm{m}}{\dfrac{\mathrm{m}}{\mathrm{s}}}\right]$

$= \left[\dfrac{\mathrm{N}}{\mathrm{m^2}} \cdot \mathrm{s}\right] = [\mathrm{Pa \cdot s}]$

(5) 損失ヘッド：$h = [-]\left[\dfrac{\mathrm{m}}{\mathrm{m}}\right]\left[\dfrac{\dfrac{\mathrm{m^2}}{\mathrm{s^2}}}{\dfrac{\mathrm{m}}{\mathrm{s^2}}}\right] = [\mathrm{m}]$

(6) 動圧：$\dfrac{\rho V^2}{2} = \left[\dfrac{\mathrm{kg}}{\mathrm{m^3}}\right]\left[\dfrac{\mathrm{m^2}}{\mathrm{s^2}}\right] = \left[\dfrac{\mathrm{kg}}{\mathrm{m \cdot s^2}}\right]$

$= \left[\dfrac{\dfrac{\mathrm{kg \cdot m}}{\mathrm{s^2}}}{\mathrm{m^2}}\right] = \left[\dfrac{\mathrm{N}}{\mathrm{m^2}}\right] = [\mathrm{Pa}]$

1.3

$200\ [\mathrm{g}] = \dfrac{200}{1000}\ [\mathrm{kg}] = 0.200\ [\mathrm{kg}]$

$100\ [\mathrm{cm^3}] = \dfrac{100}{1000000}\ [\mathrm{m^3}]$

$= 1.00 \times 10^{-4}\ [\mathrm{m^3}]$

$\rho = \dfrac{0.200}{1.00 \times 10^{-4}} = 0.200 \times 10^4$

$= 2000\ [\mathrm{kg/m^3}]$

$v = \dfrac{1}{\rho} = \dfrac{1}{2000}\ [\mathrm{m^3/kg}]$

$= 5.00 \times 10^{-4}\ [\mathrm{m^3/kg}]$

$S = \dfrac{\rho}{1000} = \dfrac{2000}{1000} = 2\ [-]$

1.4

$\rho = \dfrac{m}{V} = \dfrac{20}{22 \times 10^{-3}} = 909\ [\mathrm{kg/m^3}]$

$v = \dfrac{1}{\rho} = \dfrac{V}{m} = \dfrac{22 \times 10^{-3}}{20}$

$= 1.1 \times 10^{-3}\ [\mathrm{m^3/kg}]$

$S = \dfrac{\rho}{1000} = \dfrac{909}{1000} = 0.909$

1.5

(1) $R = 55\ [\mathrm{cm}] = \dfrac{55}{100}\ [\mathrm{m}] = 0.55\ [\mathrm{m}]$

よって，$A = \pi R^2 = 3.14 \times (0.55)^2$

$= 0.950\ [\mathrm{m^2}]$

(2) $D = 33\ [\mathrm{mm}] = \dfrac{33}{1000}\ [\mathrm{m}] = 0.033\ [\mathrm{m}]$

よって，$A = \dfrac{\pi}{4}D^2 = \dfrac{3.14}{4} \times (0.033)^2$

$= 0.000855\ [\mathrm{m^2}] = 8.55 \times 10^{-4}\ [\mathrm{m^2}]$

(3) $A = \dfrac{1}{2} \times a \times \dfrac{\sqrt{3}}{2}a = \dfrac{\sqrt{3}}{4}a^2$

$a = 25\ [\mathrm{cm}] = \dfrac{25}{100}\ [\mathrm{m}] = 0.25\ [\mathrm{m}]$

よって，$A = \dfrac{\sqrt{3}}{4} \times (0.25)^2 = 0.0271\ [\mathrm{m^2}]$

$= 2.71 \times 10^{-2}\ [\mathrm{m^2}]$

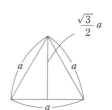

(4) $a = 15\ [\mu\mathrm{m}] = \dfrac{15}{1000000}\ [\mathrm{m}]$
$= 1.5 \times 10^{-5}\ [\mathrm{m}]$
$A = a^2 = (1.5 \times 10^{-5})^2 = 2.25 \times 10^{-10}\ [\mathrm{m}^2]$

(5) $a = 4.5\ [\mathrm{mm}] = 0.0045\ [\mathrm{m}]$
$b = 15\ [\mathrm{cm}] = 0.15\ [\mathrm{m}]$
$A = ab = 0.0045 \times 0.15 = 6.75 \times 10^{-4}\ [\mathrm{m}^2]$

(6) $a = 15000\ [\mu\mathrm{m}] = 15\ [\mathrm{mm}] = 0.015\ [\mathrm{m}]$
$b = 15\ [\mathrm{mm}] = 0.015\ [\mathrm{m}]$
$c = 15\ [\mathrm{cm}] = 0.15\ [\mathrm{m}]$
$A = \dfrac{1}{2}(a+b)c = \dfrac{1}{2} \times (0.015 + 0.015) \times 0.15$
$= 2.25 \times 10^{-3}\ [\mathrm{m}^2]$

1.6

$v = 300\ [\mathrm{km/h}] = \dfrac{300 \times 1000\ [\mathrm{m}]}{3600\ [\mathrm{s}]}$
$= 83.3\ [\mathrm{m/s}]$

よって,$M = \dfrac{v}{c} = \dfrac{83.3}{340} = 0.245\ [-]$

1.7

圧力 $p = 125\ [\mathrm{kPa}] = 125 \times 10^3\ [\mathrm{Pa}]$,温度 $T = 60°\mathrm{C} = (60+273)\ \mathrm{K} = 333\ \mathrm{K}$ である.

$\dfrac{p}{\rho} = RT$ より,$\rho = \dfrac{p}{RT} = \dfrac{125 \times 10^3}{287 \times 333}$
$= 1.31\ [\mathrm{kg/m^3}]$

1.8

$m = 2050\ [\mathrm{g}] = 2.050\ [\mathrm{kg}]$,$p = 150\ [\mathrm{kPa}]$
$= 150 \times 10^3\ [\mathrm{Pa}]$,$T = 20°\mathrm{C} = 20 + 273$
$= 293\ [\mathrm{K}]$

$\rho = \dfrac{m}{V}$ と $\dfrac{p}{\rho} = RT$ の関係式より,

$V = \dfrac{mRT}{p} = \dfrac{2.050 \times 287 \times 293}{150 \times 10^3} = 1.15\ [\mathrm{m}^3]$

ここで,$1\ [\mathrm{m}^3] = 1 \times 10^6\ [\mathrm{cm}^3]$ であることより,$V = 1.15 \times 10^6\ [\mathrm{cm}^3]$ となる.

1.9

μ の単位は $[\mathrm{Pa \cdot s}]$,密度の単位は $[\mathrm{kg/m^3}]$ である.

よって,ν の単位は $\dfrac{\mathrm{Pa \cdot s}}{\mathrm{kg}} \times \mathrm{m}^3 = \dfrac{\mathrm{N} \times \mathrm{s} \times \mathrm{m}^3}{\mathrm{m}^2 \times \mathrm{kg}}$

$= \dfrac{\mathrm{kg\,m}}{\mathrm{kg\,s^2}} \times \dfrac{\mathrm{s}}{\mathrm{m}^2} \times \mathrm{m}^3 = \dfrac{\mathrm{m}^2}{\mathrm{s}}\ ([\mathrm{m^2/s}])$ となる.

1.10

$D_i = 30\ [\mathrm{mm}] = \dfrac{30}{1000}\ [\mathrm{m}] = 0.030\ [\mathrm{m}]$

$D_o = 50\ [\mathrm{mm}] = \dfrac{50}{1000}\ [\mathrm{m}] = 0.050\ [\mathrm{m}]$

パイプの断面積 A は,
$A = \dfrac{\pi}{4}(D_o^2 - D_i^2) = \dfrac{3.14}{4} \times \{(0.050)^2 - (0.030)^2\}$
$= 1.256 \times 10^{-3}\ [\mathrm{m}^2]$

である.したがって,パイプの体積 V,質量 m,重さ W は,
$V = AL = 1.256 \times 10^{-3} \times 5.0 = 0.00628\ [\mathrm{m}^3]$
$m = \rho V = 7000 \times 0.00628 = 43.96\ [\mathrm{kg}]$
$W = mg = 43.96 \times 9.8 = 430.8\ [\mathrm{N}]$ となる.

1.11

それぞれの水滴の体積を V_1,V_2,V_3 とすると,

$V_1 = \dfrac{\pi}{6}D_1^3$,$V_2 = \dfrac{\pi}{6}D_2^3$,$V_3 = \dfrac{\pi}{6}D_3^3$ となり,

$V_3 = V_1 + V_2$

であるから,

$\dfrac{\pi}{6}D_3^3 = \dfrac{\pi}{6}D_1^3 + \dfrac{\pi}{6}D_2^3$

これより,

$D_3 = (D_1^3 + D_2^3)^{\frac{1}{3}} = [(3.0)^3 + (5.0)^3]^{1/3}$
$= 5.34\ [\mathrm{mm}]$

1.12

小さい 1 個の気泡の体積 V_s と直径 D_s は,

$V_s = \dfrac{V}{n}$,$V_s = \dfrac{\pi}{6}D_s^3$

$D_s^3 = \dfrac{6V}{n\pi}$,$D_s = \left[\dfrac{6V}{n\pi}\right]^{\frac{1}{3}}$

表面積 A_s は,

$A_s = \pi D_s^2 = \pi \left[\dfrac{6V}{n\pi}\right]^{\frac{2}{3}}$

よって,小さい気泡の全表面積 A_{st} は,

$A_{st} = nA_s = n\pi \left[\dfrac{6V}{n\pi}\right]^{\frac{2}{3}}$

となる.大きな気泡の直径 D と表面積 A は,

$D = \left[\dfrac{6}{\pi}V\right]^{\frac{1}{3}}$,$A = \pi D^2 = \pi \left[\dfrac{6}{\pi}V\right]^{\frac{2}{3}}$

よって,

$\dfrac{A_{st}}{A} = n\pi \left[\dfrac{6V}{n\pi}\right]^{\frac{2}{3}} \dfrac{1}{\pi} \left[\dfrac{\pi}{6V}\right]^{\frac{2}{3}}$

$= n \times n^{-\frac{2}{3}}$

$$= n^{\frac{1}{3}}$$
となる．

1.13
直方体の気泡表面積 A は，
$$A = 2(ab + ac + bc)$$
$$= 2(10 \times 15 + 10 \times 20 + 15 \times 20)$$
$$= 1300 \ [\text{mm}^2]$$
$A = \pi d_{Bs}^2$ より，
$$d_{Bs} = \left[\frac{A}{\pi}\right]^{\frac{1}{2}} = \left[\frac{1300}{3.14}\right]^{\frac{1}{2}} = 20.3 \ [\text{mm}]$$
直方体気泡の体積 V は
$$V = abc = 10 \times 15 \times 20 = 3000 \ [\text{mm}^3]$$
$V = \dfrac{\pi}{6} d_{Bv}^3$ より，
$$d_{Bv} = \left[\frac{6V}{\pi}\right]^{\frac{1}{3}} = \left[\frac{6 \times 3000}{3.14}\right]^{\frac{1}{3}}$$
$$= 17.9 \ [\text{mm}]$$

1.14
長さ平均径
$$D_{10} = \frac{\sum n_i d_i}{\sum n_i}$$
$$= \frac{1 \times 2 + 1 \times 3 + 1 \times 4 + 1 \times 5 + 1 \times 6}{1 + 1 + 1 + 1 + 1}$$
$$= \frac{20}{5} = 4 \ [\text{mm}]$$
表面積平均径
$$D_{20} = \left[\frac{\sum n_i d_i^2}{\sum n_i}\right]^{\frac{1}{2}}$$
$$= \left[\frac{1 \times 2^2 + 1 \times 3^2 + 1 \times 4^2 + 1 \times 5^2 + 1 \times 6^2}{1 + 1 + 1 + 1 + 1}\right]^{\frac{1}{2}}$$
$$= \left[\frac{4 + 9 + 16 + 25 + 36}{5}\right]^{\frac{1}{2}} = \left[\frac{90}{5}\right]^{\frac{1}{2}}$$
$$= 4.24 \ [\text{mm}]$$
体積平均径
$$D_{30} = \left[\frac{\sum n_i d_i^3}{\sum n_i}\right]^{\frac{1}{3}}$$
$$= \left[\frac{1 \times 2^3 + 1 \times 3^3 + 1 \times 4^3 + 1 \times 5^3 + 1 \times 6^3}{1 + 1 + 1 + 1 + 1}\right]^{\frac{1}{3}}$$
$$= \left[\frac{8 + 27 + 64 + 125 + 216}{5}\right]^{\frac{1}{3}}$$
$$= \left[\frac{440}{5}\right]^{\frac{1}{3}} = 4.45 \ [\text{mm}]$$
表面積-長さ平均径
$$D_{21} = \frac{\sum n_i d_i^2}{\sum n_i d_i}$$
$$= \frac{1 \times 2^2 + 1 \times 3^2 + 1 \times 4^2 + 1 \times 5^2 + 1 \times 6^2}{1 \times 2 + 1 \times 3 + 1 \times 4 + 1 \times 5 + 1 \times 6}$$
$$= \frac{90}{20} = 4.5 \ [\text{mm}]$$
体積-長さ平均径
$$D_{31} = \left[\frac{\sum n_i d_i^3}{\sum n_i d_i}\right]^{\frac{1}{2}}$$
$$= \left[\frac{1 \times 2^3 + 1 \times 3^3 + 1 \times 4^3 + 1 \times 5^3 + 1 \times 6^3}{1 \times 2 + 1 \times 3 + 1 \times 4 + 1 \times 5 + 1 \times 6}\right]^{\frac{1}{2}}$$
$$= \left[\frac{440}{20}\right]^{\frac{1}{2}} = 4.69 \ [\text{mm}]$$
体積-表面積平均径
$$D_{32} = \frac{\sum n_i d_i^3}{\sum n_i d_i^2}$$
$$= \frac{1 \times 2^3 + 1 \times 3^3 + 2 \times 4^3 + 2 \times 5^3 + 2 \times 6^3}{1 \times 2^2 + 1 \times 3^2 + 1 \times 4^2 + 1 \times 5^2 + 1 \times 6^2}$$
$$= \frac{440}{90} = 4.89 \ [\text{mm}]$$

1.15
$$D_{10} = \frac{4 \times 1 + 3 \times 2 + 2 \times 3 + 1 \times 4}{4 + 3 + 2 + 1}$$
$$= \frac{20}{10} = 2.00 \ [\text{mm}]$$
$$D_{20} = \left[\frac{4 \times 1^2 + 3 \times 2^2 + 2 \times 3^2 + 1 \times 4^2}{4 + 3 + 2 + 1}\right]^{\frac{1}{2}}$$
$$= \left[\frac{50}{10}\right]^{\frac{1}{2}} = 2.24 \ [\text{mm}]$$
$$D_{30} = \left[\frac{4 \times 1^3 + 3 \times 2^3 + 2 \times 3^3 + 1 \times 4^3}{4 + 3 + 2 + 1}\right]^{\frac{1}{3}}$$
$$= \left[\frac{146}{10}\right]^{\frac{1}{3}} = 2.44 \ [\text{mm}]$$
$$D_{21} = \frac{4 \times 1^2 + 3 \times 2^2 + 2 \times 3^2 + 1 \times 4^2}{4 \times 1 + 3 \times 2 + 2 \times 3 + 1 \times 4}$$
$$= \frac{50}{20} = 2.50 \ [\text{mm}]$$
$$D_{31} = \left[\frac{4 \times 1^3 + 3 \times 2^3 + 2 \times 3^3 + 1 \times 4^3}{4 \times 1 + 3 \times 2 + 2 \times 3 + 1 \times 4}\right]^{\frac{1}{2}}$$
$$= \left[\frac{146}{20}\right]^{\frac{1}{2}} = 2.70 \ [\text{mm}]$$
$$D_{32} = \frac{4 \times 1^3 + 3 \times 2^3 + 2 \times 3^3 + 1 \times 4^3}{4 \times 1^2 + 3 \times 2^2 + 2 \times 3^2 + 1 \times 4^2}$$
$$= \frac{146}{50} = 2.92 \ [\text{mm}]$$

1.16
いま，水温が至るところで10℃である湖の表面に－10℃の寒波がやってきて湖の表面が

冷やされ始めたと仮定しよう．表面の水の温度が 10℃ よりも低くなると密度は大きくなっていくので水は降下を始め，変わって下の方向から温かい水が上昇してくる．表面で 4℃ になった水は，密度が最も大きいので，湖の底へ向かって降下し，底に貯まって動かなくなる．すなわち，表面が氷っても底には 4℃ の水が存在し，生物は底へ逃げこめば，助かることになる．

それでは 4℃ より低い 3℃ の湖の場合はどうなるか．この場合も表面上の冷やされた水の密度は 3℃ の水の密度よりも小さいので，表面近くに留まり，底へ降りてくることはない．すなわち，底から先に氷り始めることはない．

2.1

(1) $\dfrac{Mg}{A_2} = \dfrac{F_1}{A_1} = p$

$\Leftrightarrow F_1 = \dfrac{A_1}{A_2} Mg = \left(\dfrac{D_1}{D_2}\right)^2 Mg$

$= \left(\dfrac{10}{100}\right)^2 \times 1000 \times 9.8 = 98 \ [\text{N}]$

(2) $A_2 x_2 = A_1 x_1$ (x_1, x_2：ピストンの変位)

$\Leftrightarrow x_1 = \dfrac{A_2}{A_1} x_2 = \left(\dfrac{d_2}{d_1}\right)^2 x_2$

$x_1 = \left(\dfrac{100}{10}\right)^2 \times 0.02 = 2.0 \ [\text{m}]$

2.2

$\rho = 1000 S = 1000 \times 1.03 = 1030 \ [\text{kg/m}^3]$

$p_g = \rho g H$
$= 1030 \times 9.8 \times 200$
$= 2.019 \times 10^6 \ [\text{Pa}]$
$= 2.019 \ [\text{MPa}]$

$p = p_g + p_0$
$= 2.019 \ [\text{MPa}] + 101.3 \ [\text{kPa}]$
$= 2.019 \ [\text{MPa}] \times 0.101 \ [\text{MPa}]$
$= 2.120 \ [\text{MPa}]$

2.3

$p_g = \rho_{oil} g H_{oil} + \rho_w g H_w$
$= 820 \times 9.80 \times 2.0 + 998 \times 9.80 \times 5.5$
$= 16.07 \ [\text{kPa}] + 53.79 \ [\text{kPa}]$
$= 69.86 \ [\text{kPa}]$

$p = p_g + p_0$
$= 69.86 \ [\text{kPa}] + 101.3 \ [\text{kPa}]$
$= 171.2 \ [\text{kPa}]$

2.4

$H = 45 \ [\text{cm}] = 45 \times 10^{-2} \ [\text{m}]$

$p = p_0 + \rho_w g H$
$= 101.3 \times 10^3 + 1000 \times 9.80 \times 45 \times 10^{-2}$
$= 105.7 \times 10^3 \ [\text{Pa}]$
$= 105.7 \ [\text{kPa}]$

2.5

$p = p_0 + \rho_{Hg} g H$
$= 101.3 \times 10^3 + 13.6 \times 1000 \times 9.8 \times 0.4$
$= 154.6 \ [\text{kPa}]$

2.6

p_0 を大気圧とすると，A と A' の圧力 p_A, $p_{A'}$ は次式で与えられる．

$p_A = \rho_{Hg} g H_{Hg} + p_0$

$p_{A'} = \rho_{oil} g H_{oil} + \rho_w g H_w + p_0$

$p_A = p_{A'}$ であるから，

$H_{Hg} = \dfrac{\rho_{oil} H_{oil} + \rho_w H_w}{\rho_{Hg}}$

2.7

$H_1 = 920 \ [\text{mm}] = 0.920 \ [\text{m}]$
$H_2 = 66.6 \ [\text{cm}] = 0.666 \ [\text{m}]$

A_1, A_2, A_3 における圧力は等しい．

$p = \rho_w g H_1 + p_{A_1}$
$p_{A_1} = p - \rho_w g H_1$
$p_{A_3} = p_0 + \rho_{oil} g H_2 = p_{A_1} = p - \rho_w g H_1$
$\therefore p = \rho_w g H_1 + p_0 + \rho_{oil} g H_2$
$p_g = p - p_0 = \rho_w g H_1 + \rho_{oil} g H_2$
$= 1000 \times 9.8 \times 0.920 + 810 \times 9.8 \times 0.666$
$= 9.02 \times 10^3 + 5.29 \times 10^3$
$= 14.31 \times 10^3 \ [\text{Pa}] = 14.31 \ [\text{kPa}]$

2.8

U字管内左側の水柱頂部，ならびに右側の同じ高さでの圧力が等しいことから，

$p_A - 1000 \times 9.8 \times 1.2 = p_B - 1000 \times 9.8 \times (1.2 - 0.25 - h) - 13600 \times 9.8 \times h$

より，$(p_A - p_B) = 500 \ [\text{Pa}]$ を代入して h を求めると，$h = 15.8 \ [\text{mm}]$．

2.9

U字管左側の油と水銀の境界,ならびに右側の同じ高さでの静水圧が等しいことから,

$p_A + 900 \times g \times 0.5 = p_B + 1000 \times g \times 0.3$
$+ 13560 \times g \times 0.1$

$\therefore p_A - p_B = (300 + 1356 - 450) \times 9.8$
$= 11820 \, [\text{Pa}]$

2.10

C, C'における圧力は等しい.
p_A, p_Bにおけるゲージ圧をp_{Ag}, p_{Bg}とおくと,

$p_C = p_{Ag} + \rho_w g H_1 + \rho_{Hg} g H_2$
$p_{C'} = p_{Bg} + \rho_{oil} g H_3$
$p_{Ag} + \rho_w g H_1 + \rho_{Hg} g H_2 = p_{Bg} + \rho_{oil} g H_3$
$p_{Ag} = p_{Bg} + \rho_{oil} g H_3 - \rho_w g H_1 - \rho_{Hg} g H_2$
$= 75 \times 10^3 + 810 \times 9.8 \times 1.37 - 1000$
$\times 9.8 \times 0.36 - 13600 \times 9.8 \times 0.61$
$= 75 \times 10^3 + 10.88 \times 10^3 - 3.53 \times 10^3$
$- 81.30 \times 10^3$
$= 1.05 \times 10^3 \, [\text{Pa}]$
$p = p_0 + p_{Ag} = 101.3 \times 10^3 + 1.05 \times 10^3$
$= 102.35 \times 10^3 \, [\text{Pa}]$

2.11

A点のゲージ圧は,U字管内の状態より $p_A = (13600 - 1000) \times 9.8 \times 0.08 + 1000 \times 9.8 \times 0.5 = 14800 \, [\text{Pa}]$.したがって静止水面からの水深は,$\frac{14800}{1000 \times 9.8} = 1.51 \, [\text{m}]$.壁面ABに作用する力は,以下のように求められる.(水平方向F_h:ABの水平方向投影面に作用する水圧,垂直方向F_v:AB上の水の重力)

水平方向:$F_h = 1 \times \int_{1.51}^{2.71} (1000 \times 9.8 \times z) dz$
$= 4900 \times (2.71^2 - 1.51^2) = 24800 \, [\text{N}]$

垂直方向:$F_v = 1 \times 1000 \times 9.8 \times (1.51 \times 1.2 + \frac{1}{4}\pi \times 1.2^2) \times 1 = 28800 \, [\text{N}]$

合力 $= \sqrt{F_h^2 + F_v^2} = 38000 \, [\text{N}]$

2.12

液柱下面における静水圧をp_hとして,液柱に作用する力の釣り合いを考えると,

$p_0 \times 1 + \rho g h \times 1 = p_h \times 1$

上式より,$p_h = p_0 + \rho g h$ が成り立つ.同様の考察により,液柱を任意の断面積Aを持つ物体に置き換えると,物体が押しのけた液体の重力$\rho g h A$に等しい静水圧を浮力として受けることになる.

2.13

氷の全体積 V
氷の全質量 M
浮力 $B = \rho_w g V'$
$= 1.03 \times 1000 \times 9.8 \times (V - 20)$
氷の重さ $Mg = \rho g V = 0.90 \times 1000 \times 9.80 \times V$
浮力と氷の重さが釣り合うので,
$B = Mg$
$1030(V - 20) = 900V$
$\Leftrightarrow 1030V - 20600 = 900V$
$\Leftrightarrow V = 158.5 \, [\text{m}^3]$
$M = \rho V$
$= 0.9 \times 1000 \times 158.5$
$= 1.427 \times 10^5 \, [\text{kg}]$

2.14

角材の質量
$M = 2 \times 4 \times 0.5 \times 0.6 \times 1000$
$= 2400 \, [\text{kg}]$
総質量
$M' = 2400 + 100 = 2500 \, [\text{kg}]$
浮力
$B = \rho g V' = 1000 \times 9.8 \times 4 \times 2 \times x = 78400x$
$B = M'g$ より
$78400x = 2500 \times 9.8$
$x = 0.313 \, [\text{m}]$

2.15

大気中と水中での浮力を考慮した力の釣り合いより,

$\rho g V - 1.2 \times g \times V = 382.1$
$\rho g V - 1000 \times g \times V = 333.2$
これより,$\rho = 7800 \, [\text{kg/m}^3]$,
$V = 5.0 \times 10^{-3} \, [\text{m}^3]$

2.16

比重計に加わる重力と浮力との釣り合いより,

$Mg + \frac{1}{4}\rho' g \pi d^2 L = \rho g \left(V + \frac{1}{4}\pi d^2 x \right)$

上式より,$\rho = \dfrac{M + \frac{1}{4}\rho' \pi d^2 L}{\left(V + \frac{1}{4}\pi d^2 x \right)}$. また,測定

できる ρ の範囲は，

$$\frac{M+\frac{1}{4}\rho'\pi d^2 L}{\left(V+\frac{1}{4}\pi d^2 L\right)} \leq \rho \leq \frac{M+\frac{1}{4}\rho'\pi d^2 L}{V}$$

2.17

$d=3.5$ [mm]$=3.5\times 10^{-3}$ [m]
$\sigma=73$ [mN/m]$=73\times 10^{-3}$ [N/m]

$$H=\frac{4\sigma\cos\theta}{\rho_w d g}$$

$$=\frac{4\times 73\times 10^{-3}\times \cos 70°}{998\times 3.5\times 10^{-3}\times 9.8}$$

$$=2.92\times 10^{-3} \text{ [m]}$$

$$=2.92 \text{ [mm]}$$

2.18

$d=7.0$ [mm]$=7.0\times 10^{-3}$ [m]
$\sigma=1500$ [mN/m]$=1.500$ [N/m]

$$H=\frac{4\sigma\cos\theta}{\rho d g}$$

$$=\frac{4\times 1.500\times \cos 140°}{7000\times 7.0\times 10^{-3}\times 9.8}$$

$$=-9.57\times 10^{-3} \text{ [m]}$$

$$=-9.57 \text{ [mm]}$$

2.19

底面に働く力 F_B は次式によって与えられる．

$F_B = p_{gB} A_B$

ここで p_{gB} は底面に働く圧力（ゲージ圧），A_B は底面の面積である．

$p_{gB}=\rho_w g H=1000\times 9.8\times 3.5$
$\qquad =34.3\times 10^3$ [Pa]

$A_B=\dfrac{\pi}{4}D^2=\dfrac{3.14}{4}\times (2.0)^2=3.14$ [m^2]

$\therefore F_B=34.3\times 10^3\times 3.14=107.7$ [kN]

側面に働く力 F_S は次式によって与えられる．

$F_S = p_{gm} A_S$

ここで p_{gm} は側面に働く平均の圧力（ゲージ圧），A_S は側壁の面積である．

$p_{gm}=\dfrac{1}{2}\rho_w g H=\dfrac{1}{2}\times 1000\times 9.8\times 3.5$
$\qquad =17.2\times 10^3$ [Pa]

$A_S=\pi D H=3.14\times 2.0\times 3.5=21.98$ [m^2]

$\therefore F_S=17.2\times 10^3\times 21.98=378\times 10^3$ [N]
$\quad 378$ [kN]

2.20

水に接している水門の面積 A は，
$A=H_1 W=2.0\times 2.0=4.0$ [m^2]

水門の左側には水の深さに比例した圧力（ゲージ圧）がかかっている．

その平均値は

$p_{gm}=\dfrac{1}{2}\rho_w g H_1=\dfrac{1}{2}\times 1000\times 9.8\times 2.0$
$\qquad =9800$ [Pa]

である．したがって，水門に働く上流側の力は，

$F_1=p_{gm}A=9800\times 4.0=39.2\times 10^3$ [N]

2.21

平板の先端に働くゲージ圧力は

$$p_g=\rho_w g H=\rho_w g L\sin 45°=\dfrac{\sqrt{2}}{2}\rho_w g L$$

である．したがって，平板に働く平均のゲージ圧力 p_{gm} は

$$p_{gm}=\dfrac{\sqrt{2}}{4}\rho_w g L$$

これより，平板の上側の面に働く力 F は

$F_1=p_{gm}A=p_{gm}LW=\dfrac{\sqrt{2}}{4}\rho_w g L^2 W$

$=\dfrac{1.41}{4}\times 1000\times 9.8\times (2.0)^2\times 1.0$

$=13.8\times 10^3$ [N]

$=13.8$ [kN]

2.22

水平方向は壁面の水平方向投影面に作用する水圧，垂直方向は壁面上に存在する水の重力より求めることができる．

水平成分：$F_h=2\times\displaystyle\int_0^1 (1000\times 9.8\times z)dz$
$\qquad\qquad =9800$ [N]

垂直成分：$F_v=2\times\displaystyle\int_0^1\{1000\times 9.8\times(1-x^2)\}$
$\qquad\qquad dx=13100$ [N]

2.23

1.5 [mm]$=1.5\times 10^{-3}$ [m]
$\sigma=73$ [mN/m]$=73\times 10^{-3}$ [N/m]

$\Delta p=\dfrac{4\sigma}{d_B}=\dfrac{4\times 73\times 10^{-3}}{1.5\times 10^{-3}}=195$ [Pa]

2.24

$d_B = 55\ [\mu m] = 55 \times 10^{-6}\ [m]$

$\Delta p = \dfrac{4\sigma}{d_B}$

$= \dfrac{4 \times 1.40}{55 \times 10^{-6}} = 101.8\ [kPa]$

2.25

地球の直径 D は

$\pi D = L$

から，

$D = \dfrac{L}{\pi}$

となる．これより地球の表面積 A_s は

$A_s = \pi D^2 = \pi\left(\dfrac{L}{\pi}\right)^2 = \dfrac{L^2}{\pi}$

となり，空気の重さ W_{air} は

$W_{air} = A_s p_0 = \dfrac{p_0 L^2}{\pi}$

よって空気の質量 m_{air} は次のようになる．

$m_{air} = \dfrac{W_{air}}{g} = \dfrac{p_0 L^2}{\pi g}$

$= \dfrac{101.3 \times 10^3 \times (40000 \times 10^3)^2}{3.14 \times 9.8}$

$= 5.27 \times 10^{18}\ [kg]$

3.1

$Q = A_1 v_{m1} = A_2 v_{m2}$

$v_{m1} = \dfrac{Q}{A_1} = \dfrac{4Q}{\pi d_1^2} = \dfrac{4 \times 0.1}{\pi \times 0.2^2} = 3.18\ [m/s]$

$v_{m2} = \dfrac{4Q}{\pi d_2^2} = \dfrac{4 \times 0.1}{\pi \times 0.1^2} = 12.74\ [m/s]$

3.2

(1) $\dfrac{V_A^2}{2g} + \dfrac{P_A}{Pg} = \dfrac{V_B^2}{2g} + \dfrac{P_B}{Pg} + H$

$d_A = d_B \quad V_A = V_B = 3\ [m/s]$

よって

$\dfrac{P_A}{Pg} = \dfrac{P_B}{Pg} + H$

$\Leftrightarrow P_B = P_A - \rho g H = 150 \times 10^3 - 1000 \times 9.8 \times 10$

$= 52.0\ [kPa]$

(2) $Q = A_A V_A = A_B V_B$ より

$V_B = \dfrac{A_A}{A_B} V_A = \left(\dfrac{d_A}{d_B}\right)^2 V_A = \left(\dfrac{30}{10}\right)^2 \times 3$

$= 27.0\ [m/s]$

$\dfrac{V_A^2}{2g} + \dfrac{P_A}{\rho g} = \dfrac{V_B^2}{2g} + \dfrac{P_B}{\rho g} + H$

$\Leftrightarrow \dfrac{P_B}{\rho g} = \dfrac{P_A}{\rho g} + \dfrac{1}{\rho g}(V_A^2 - V_B^2) - H$

$\Leftrightarrow P_B = P_A + \dfrac{\rho}{2}(V_A^2 - V_B^2) - \rho g H$

$= 150 \times 10^3 + \dfrac{1000}{2}(3^2 - 27^2)$

$- 1000 \times 9.8 \times 10$

$= -308\ [kPa]$（実際は，この値になる前に水は水蒸気になってしまう）

3.3

$D = 65\ [mm] = 65 \times 10^{-3}\ [m]$

ベルヌーイの定理をタンクの水面と管路の出口に適用すると，

$\dfrac{p_1}{\rho g} + \dfrac{v_{m1}^2}{2g} + z_1 = \dfrac{p_2}{\rho g} + \dfrac{v_{m2}^2}{2g} + z_2$

ここで $p_1 = p_2 = p_0$，$v_{m1} = 0$，$z_1 = z_2 + H$ を代入すると，

$H = \dfrac{v_{m2}^2}{2g}$

よって

$v_{m2} = \sqrt{2gH} = \sqrt{2 \times 9.80 \times 5.0} = 9.90\ [m/s]$

となり，流量 Q は次式で与えられる

$Q = \dfrac{\pi}{4} D^2 v_{m2}$

$= \dfrac{3.14}{4} \times (65 \times 10^{-3})^2 \times 9.90$

$= 3.28 \times 10^{-2}\ [m^3/s]$

3.4

ベルヌーイの定理をタンクの水面と管路出口に適用すると，

(1) $V = \sqrt{2gz} = 4.43\ [m/s]$

(2) 自由落下を考えると，地面に到達するまでの時間は，$t = 0.350\ [s]$，したがって，

$L = 0.35 \times 4.43 = 1.55\ [m]$

3.5

水面と排水孔の間で，ベルヌーイの定理を考えると，

$P_a + \rho g z = P_a + \dfrac{\rho V_2^2}{2}$（ここで，$V_2^2 \gg V_1^2$ として V_1^2 を無視している）

$\therefore V_2 = \sqrt{2gz}$

また，水面と排水孔での流量保存より，

$A_1 V_1 \equiv -A_1 \dfrac{dz}{dt} = A_2 V_2$

以上の関係より，水面高さ z について次の

微分方程式が成り立つ.
$$-A_1\frac{dz}{dt}=A_2\sqrt{2gz}$$
変数分離して
$$-\frac{dz}{\sqrt{z}}=\frac{A_2}{A_1}\sqrt{2g}\,dt$$
上式の両辺を積分すると,
$$-2z^{\frac{1}{2}}=\frac{A_2}{A_1}\sqrt{2g}\times t+C$$
積分定数 C は, $t=0$ で $z=z_0$ の条件より決定でき, z は以下のようになる.
$$2(z_0^{\frac{1}{2}}-z^{\frac{1}{2}})=\frac{A_2}{A_1}\sqrt{2g}\times t$$
上式に $z_0=3$ [m], $A_1=4.0$ [m²], $A_2=12\times 10^{-4}$ [m²] を代入し, $z=0$ に対する t を求めると,
$$t=2608\ [秒]$$

3.6

ベルヌーイの定理より, 身体表面でのゲージ圧力は, $P=\frac{1.2\times 40^2}{2}=960$ [Pa]. したがって, 体が受ける力は, $960\times 1=960$ [N]

3.7

$D=25$ [mm] $=2.5\times 10^{-2}$ [m]
$$Q=\frac{\pi}{4}D^2 v=\frac{3.14}{4}\times(2.5\times 10^{-2})^2\times 4.5$$
$$=2.21\times 10^{-3}\ [m^3/s]$$
$$\dot{m}=\rho_w Q=998\times 2.21\times 10^{-3}=2.21\ [kg/s]$$
$$圧力ヘッド=\frac{p_s}{\rho_w g}=\frac{20\times 10^3}{998\times 9.8}=2.04\ [m]$$
$$速度ヘッド=\frac{v^2}{2g}=\frac{4.5^2}{2\times 9.8}=1.03\ [m]$$
$$p_d=\frac{1}{2}\rho_w v^2=\frac{1}{2}\times 998\times 4.5^2$$
$$=10.1\times 10^3\ [Pa]=10.1\ [kPa]$$
$$p_t=p_s+p_d=20\times 10^3+10.1\times 10^3$$
$$=30.1\times 10^3\ [Pa]$$
$$=30.1\ [kPa]$$

3.8

$$A_1=\frac{\pi}{4}D_1^2=\frac{3.14}{4}\times(2.0\times 10^{-2})^2$$
$$=3.14\times 10^{-4}\ [m^2]$$
$$A_2=\frac{\pi}{4}D_2^2=\frac{3.14}{4}\times(7.0\times 10^{-2})^2$$
$$=3.85\times 10^{-3}\ [m^2]$$
$$v_2=\frac{A_1}{A_2}v_1=\frac{3.14\times 10^{-4}}{3.85\times 10^{-3}}\times 9.0=0.735\ [m/s]$$
$$p_2=p_1+\frac{1}{2}\rho v_1^2-\frac{1}{2}\rho v_2^2$$
$$=150\times 10^3+\frac{1}{2}\times 998\times(9.0)^2$$
$$-\frac{1}{2}\times 998\times(0.735)^2=190.1\ [kPa]$$

3.9

上流側の速度, 圧力を V_1, P_1（ゲージ圧）とし, ノズル出口の速度を V_2 とする.
ベルヌーイの定理より,
$$P_1+\frac{\rho V_1^2}{2}=\frac{\rho V_2^2}{2}\quad (\rho：水の密度)$$
ノズル出口の断面積が上流側の $\frac{1}{4}$ になることから, 流量保存より,
$$4V_1=V_2$$
ピトー管内の圧力差より, 次式が成り立つ.
$$\frac{\rho V_2^2}{2}-P_1=(\rho_{Hg}-\rho)gh\quad (\rho_{Hg}：水銀の密度)$$
$$\therefore \frac{\rho V_1^2}{2}=\frac{\rho V_2^2}{32}=(\rho_{Hg}-\rho)gh$$
上式に各値を代入すると, $V_2=28.1$ [m/s]

3.10

U字管内の圧力の関係より, A と A' の位置の圧力は等しいから
$$p_1+\rho_w g(0.1+0.03)=p_2+\rho_w g(1.0+0.03)+\rho_{Hg}g\times 0.1$$
$$p_1-p_2=\rho_w g\times 0.9+\rho_{Hg}g\times 0.1$$
$$=1000\times 9.8\times 0.9+13.6\times 1000\times 9.8\times 0.1$$
$$=2.215\times 10^4\ [Pa]$$
ベルヌーイの定理より
$$\frac{V_1^2}{2g}+\frac{p_1}{\rho_w g}=\frac{V_2^2}{2g}+\frac{p_2}{\rho_w g}+H$$
$$\Leftrightarrow \frac{V_2^2}{2g}-\frac{V_1^2}{2g}=\frac{p_1}{\rho_w g}-\frac{p_2}{\rho_w g}-H$$
$$\Leftrightarrow V_2^2-V_1^2=\frac{2}{\rho_w}(p_1-p_2)-2gH$$
($Q=A_1V_1=A_2V_2$ より)
$$\Leftrightarrow V_2^2-\left(\frac{A_2}{A_1}\right)^2 V_2^2=\frac{2}{\rho_w}(p_1-p_2)-2gH$$
$$\Leftrightarrow V_2^2=\left\{\frac{2}{\rho_w}(p_1-p_2)-2gH\right\}/\left[1-\left(\frac{A_2}{A_1}\right)^2\right]$$
$$\frac{A_2}{A_1}=\left(\frac{d_2}{d_1}\right)^2 より$$

$$\Leftrightarrow V_2 = \frac{1}{\sqrt{1-\left(\frac{d_2}{d_1}\right)^4}}\sqrt{\frac{2}{\rho_w}(p_1-p_2)-2gH}$$

$$= \frac{1}{\sqrt{1-\left(\frac{1}{2}\right)^4}}\sqrt{\frac{2}{1000}\times 2.215\times 10^4 - 2\times 9.8\times 1}$$

$$= 5.133 \text{ [m/s]}$$

$$Q = A_2 V_2 = \frac{\pi}{4}d_2^2 V_2 = \frac{\pi}{4}\times 0.1^2 \times 5.133$$

$$= 4.03\times 10^{-2} \text{ [m}^3\text{/s]}$$

3.11

$V_E = \sqrt{2gH} = \sqrt{2\times 9.8\times 3} = 7.668$ [m/s]

$V_A = 0$, $V_B = V_C = V_D = V_E$

$p_A = p_E = 0$ [Pa] （大気圧）

ベルヌーイの定理より

$$\frac{V_A^2}{2g} + \frac{p_A}{\rho g} = \frac{V_B^2}{2g} + \frac{p_B}{\rho g}$$

$$\Leftrightarrow 0 = \frac{V_B^2}{2g} + \frac{p_B}{\rho g}$$

$$\Leftrightarrow p_B = -\frac{\rho}{2}V_B^2 = -\frac{1000}{2}\times 7.668^2$$

$$= -29.40 \text{ [kPa]}$$

同様に

$$\frac{V_B^2}{2g} + \frac{p_B}{\rho g} = \frac{V_C^2}{2g} + \frac{p_C}{\rho g} + H_C$$

$$\Leftrightarrow p_C = p_B - \rho g H_C = -29.40\times 10^3$$
$$-1000\times 9.8\times 1 = -39.20 \text{ [kPa]}$$

同様に

$$\frac{V_B^2}{2g} + \frac{p_B}{\rho g} = \frac{V_D^2}{2g} + \frac{p_D}{\rho g}$$

$$\left[\begin{array}{l}\Leftrightarrow p_B = p_D = 0 \text{ [kPa]} \\ p_E = p_B - \rho g H_B = -29.40\times 10^3 \\ -1000\times 9.8\times (-3) = 0 \text{ [Pa]}\end{array}\right]$$

3.12

管路の途中で損失はないものと考え，流体機械によって得られる比エネルギーを ΔE [J/kg]とする．ベルヌーイの式より，

$$\frac{1}{2}v_1^2 + \frac{p_1}{\rho} + \Delta E = \frac{1}{2}v_2^2 + \frac{p_2}{\rho}$$

ここで $p_1 = p_2$ であるので両辺の p の項は消去できる．したがって，比エネルギー ΔE は，

$$\Delta E = \frac{1}{2}v_2^2 - \frac{1}{2}v_1^2 = \frac{1}{2}(v_2^2 - v_1^2)$$

$$= \frac{1}{2}\times (5.6^2 - 1.4^2) = 0.5\times 29.4 = 14.7$$

[J/kg]

となる．よって動力 P は，

$$P = \rho Q \Delta E \text{ [kg/m}^3\text{][m}^3\text{/s][J/kg]}$$

$$= \rho\left(\frac{\pi d^2}{4}\right)v_1 \Delta E \text{ [J/s]}$$

$$= \begin{cases} = 1.2\times\left(\frac{\pi\times(0.1)^2}{4}\times 1.4\right)\times 14.7 \\ = 1.94\times 10^{-1} \text{ [W]：空気} \\ (1.0\times 10^3)\times\left(\frac{\pi\times(0.1)^2}{4}\times 1.4\right)\times 14.7 \\ = 1.61\times 10^2 \text{ [W]：水} \end{cases}$$

流体機械が流体に与えたエネルギーは正．したがってこの流体機械はポンプあるいはファンと考えられる．ここで注目しておきたいのは，流体が空気と水では，その密度に約1000倍の差があるために，同じ流れの状態でも流体に与えるエネルギーが大きく違っていることである．

4.1

実用上粗さが問題になるのは，流れが乱流のときである．流れが乱流の場合，管壁近傍では粘性底層という非常に薄い層が存在する．管路の内表面に存在する突起の高さが，粘性底層の厚さよりも小さいときには管路は滑らかであるといわれる．大きくなると粗い管といわれるが，流れが強く乱されるので圧力損失は滑らかな管の場合よりも大きくなる．

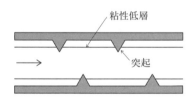

4.2

乱流を仮定し，管内の速度分布 $u(y)$ を $\frac{1}{7}$ 乗則で近似する．

$$u = U\left(\frac{y}{R}\right)^{\frac{1}{7}}$$

U は中心流速，R は管半径である．平均流速 V は，右図を参照して，円環内の流量の積分値より次式から求めることができる．

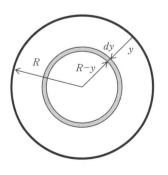

$$V = \frac{U}{\pi R^2}\int_0^R \left(\frac{y}{R}\right)^{\frac{1}{7}} \times 2\pi(R-y)dy$$
$$= 2U\int_0^1 Y^{\frac{1}{7}}(1-Y)dY = \frac{49}{60}U \quad \left(Y \equiv \frac{y}{R}\right)$$

上の結果を用いると，レイノルズ数は，

$$\mathrm{Re} = \frac{\frac{49}{60} \times 12 \times 0.02}{1.46 \times 10^{-5}} \approx 13400$$

これより，流れは乱流で，$\frac{1}{7}$ 乗則の仮定も妥当といえる．また，質量流量 Γ は，

$$\Gamma = 1.2 \times \frac{1}{4}\pi \times 0.02^2 \times \frac{49}{60} \times 12$$
$$= 3.69 \times 10^{-3} \ [\mathrm{kg/s}]$$

4.3

$$\mu = \rho\nu$$
$$\Leftrightarrow \nu = \frac{\mu}{\rho}$$
$$\mathrm{Re} = \frac{vd}{\nu} = \frac{\rho vd}{\mu} = \frac{800 \times 3 \times 0.2}{40.0 \times 10^{-3}} = 1.20 \times 10^4$$

Re > 2320 なので乱流である．

4.4

$D = 5.5\ [\mathrm{cm}] = 5.5 \times 10^{-2}\ [\mathrm{m}]$

$$\mathrm{Re} = \frac{v_m D}{\nu} = \frac{1.5 \times 5.5 \times 10^{-2}}{1.0 \times 10^{-6}}$$
$$= 8.25 \times 10^4 > 2320$$

流れは乱流であるから，助走距離 L_e は次のようになる．

$$L_e = 50D = 50 \times 5.5 \times 10^{-2} = 2.75\ [\mathrm{m}]$$

4.5

まず，流れは層流と仮定する．$\Delta p = \lambda \frac{L}{d}\frac{\rho v_m^2}{2}$, $v = \frac{4Q}{\pi d^2}$, $\lambda = \frac{64}{\mathrm{Re}}$ より．

$$\Delta p = \frac{128\mu LQ}{\pi d^4}$$
$$\mu = \frac{\Delta p \pi d^4}{128LQ} = \frac{1 \times 10^4 \times \pi \times 0.01^4}{128 \times 10 \times 20 \times 10^{-6}}$$
$$= 1.227 \times 10^{-2}\ [\mathrm{Pa \cdot s}]$$

$Q = Av_1$ より，$v_1 = \frac{Q}{A} = \frac{4Q}{\pi d^4} = \frac{4 \times 20 \times 10^{-6}}{\pi \times 0.01^2}$
$= 0.2548\ [\mathrm{m/s}]$

$$\mathrm{Re} = \frac{v_1 d}{\nu} = \frac{\rho v_1 d}{\mu} = \frac{800 \times 0.2548 \times 0.01}{1.227 \times 10^{-2}}$$
$$= 166.1$$

Re < 2320 なので，流れは層流であり，仮定は正しい．

$$\nu = \frac{\mu}{\rho} = \frac{1.227 \times 10^{-2}}{800} = 1.534 \times 10^{-5}\ [\mathrm{m^2/s}]$$

4.6

管内を流れる水の断面平均速度 v_m は

$$v_m = \frac{180 \times 10^{-3}\ [\mathrm{m^3}]}{60\ [\mathrm{s}]} \times \frac{1}{(\pi/4) \times 0.065^2\ [\mathrm{m^2}]}$$
$$= 0.90\ [\mathrm{m/s}]$$
$$\mathrm{Re} = \frac{v_m d}{\nu} = \frac{0.90\ [\mathrm{m/s}] \times 0.065\ [\mathrm{m}]}{10^{-6}\ [\mathrm{m^2/s}]}$$
$$= 5.87 \times 10^4 \quad \text{したがって，流れは乱流である．}$$

このレイノルズ数に対する管摩擦係数 λ は，ブラジウスの式を用いると，

$$\lambda = 0.3164 \mathrm{Re}^{-\frac{1}{4}} = 0.3164 \times (5.85 \times 10^4)^{-\frac{1}{4}}$$
$$= 0.0203$$

損失ヘッド h_L はダルシー・ワイズバッハの式より，

$$h_L = \lambda \frac{L}{d}\frac{v_m^2}{2g} = 0.0203 \times \frac{1000\ [\mathrm{m}]}{0.065\ [\mathrm{m}]}$$
$$\times \frac{(0.904)^2\ [\mathrm{m^2/s^2}]}{2 \times 9.8\ [\mathrm{m/s^2}]} = 13.0\ [\mathrm{m}]$$

したがって，圧力損失 Δp は

$\Delta p = \rho g h_L = 1000\ [\mathrm{kg/m^3}] \times 9.8\ [\mathrm{m/s^2}]$
$\times 13.0\ [\mathrm{m}] = 127.4\ [\mathrm{kPa}]$

4.7

$$\mathrm{Re} = \frac{vd}{\nu} = \frac{0.1 \times 0.01}{1.307 \times 10^{-6}} = 765.1$$

Re < 2320 なので，流れは層流である．

$$\lambda = \frac{64}{\mathrm{Re}} = \frac{64}{765.1} = 0.08365$$
$$\Delta p = \lambda \frac{\ell}{d}\frac{\rho v^2}{2} = 0.08365 \times \frac{10}{0.01} \times \frac{1000 \times 0.1^2}{2}$$
$$= 418\ [\mathrm{Pa}]$$

4.8

$$\mathrm{Re} = \frac{vd}{\nu} = \frac{2.0 \times 0.01}{1.307 \times 10^{-6}} = 1.530 \times 10^4$$

Re > 2320 なので，流れは乱流である．
ブラジウスの式より

$$\lambda = 0.3164 \times \mathrm{Re}^{-\frac{1}{4}} = 0.3164 \times (1.530 \times 10^4)^{-\frac{1}{4}}$$
$$= 0.02845$$
$$\Delta p = \lambda \frac{L}{d}\frac{\rho v^2}{2} = 0.02845 \times \frac{10}{0.01} \times \frac{1000 \times 2^2}{2}$$
$$= 5.69 \times 10^4\ [\mathrm{Pa}]$$

4.9

管内平均流速は，$V = \dfrac{5.65 \times 10^{-3}}{\left(60 \times \frac{1}{4}\pi \times 0.01^2\right)}$

$= 1.20$ [m/s]

流れを層流と仮定して，管摩擦係数

$\lambda = \dfrac{64}{\text{Re}} = \dfrac{64\nu}{Vd}$ を考える．

損失ヘッド367 [mm]について，次式が成り立つ．

$367 \times 10^{-3} = \dfrac{64\nu}{Vd} \times \dfrac{1}{d} \times \dfrac{V^2}{2g}$

（g は重力加速度）

上式に $V = 1.2$ [m/s]，$d = 0.01$ [m]を代入すると，$\nu = 9.37 \times 10^{-6}$ [m^2/s]

このとき，Re $= 1280$ より，層流の仮定と一致する．

4.10

8 [mm]管の長さを L，20 [mm]管の長さを $(20-L)$ とする．8 [mm]，20 [mm]管での平均速度 V_1，V_2 は，

$V_1 = \dfrac{2.01 \times 10^{-5}}{\left(\frac{1}{4}\pi \times 0.008^2\right)} = 0.400$ [m/s]，

$V_2 = \dfrac{2.01 \times 10^{-5}}{\left(\frac{1}{4}\pi \times 0.02^2\right)} = 0.064$ [m/s]

それぞれのレイノルズ数は，

$\text{Re}_1 = \dfrac{0.400 \times 0.008}{1.0 \times 10^{-6}} = 3200$，

$\text{Re}_2 = \dfrac{0.064 \times 0.02}{1.0 \times 10^{-6}} = 1280$

8 [mm]管の流れは乱流，20 [mm]管は層流と判断できる．管摩擦係数として，8 [mm]管にはブラジウスの式として，$\lambda = 0.3164\text{Re}^{-\frac{1}{4}}$，20 [mm]管には $\lambda = \dfrac{64}{\text{Re}}$ を用いる．管全体の圧力損失より，

$6000 = 0.3164\text{Re}_1^{-\frac{1}{4}} \times \dfrac{L}{0.008} \times \dfrac{1000 \times 0.400^2}{2}$

$+ \dfrac{64}{\text{Re}_2} \times \dfrac{(20-L)}{0.02} \times \dfrac{1000 \times 0.064^2}{2}$

$= 421L + 5.12 \times (20-L)$

上式を解いて，$L = 14.2$ [m]となる．したがって，8 [mm]管を14.2 [m]，20 [mm]管を5.8 [m]とすればよい．

4.11

管内平均流速は，$V = \dfrac{0.012}{\left(\frac{1}{4}\pi \times 0.1^2\right)}$

$= 1.53$ [m/s]．また，レイノルズ数は，

$\text{Re} = \dfrac{800 \times 1.53 \times 0.1}{0.12} = 1020$ より，流れは層流となる．1 [km]当たりの圧力損失 ΔP は，

$\Delta P = \dfrac{64}{1020} \times \dfrac{1000}{0.1} \times \dfrac{800 \times 1.53^2}{2}$

$= 5.88 \times 10^5$ [Pa]

4.12

管内平均流速 V ならびにレイノルズ数は，

$V = \dfrac{3.2 \times 10^{-3}}{\left(\frac{1}{4}\pi \times 0.05^2\right)} = 1.63$ [m/s]，

$\text{Re} = \dfrac{900 \times 1.63 \times 0.05}{0.015} = 4890$

流れは乱流より，管摩擦係数としてブラジウスの式，$\lambda = 0.3164\text{Re}^{-\frac{1}{4}}$ を用いる．タンクの水位差を H とすると，全体での損失より次式が成り立つ．

$H = 0.3164\text{Re}^{-\frac{1}{4}} \times \dfrac{12}{0.05} \times \dfrac{1.63^2}{2g} + (0.6 + 1.0)$

$\times \dfrac{1.63^2}{2g}$ （g は重力加速度）

$\therefore H = 1.45$ [m]

4.13

$Q = A_1V_1 = A_2V_2$

$V_1 = \dfrac{A_2}{A_1}V_2 = \left(\dfrac{d_2}{d_1}\right)^2 V_2 = \left(\dfrac{0.03}{0.1}\right)^2 \times 10 = 0.90$ [m/s]

ベルヌーイの定理より

$\Leftrightarrow \dfrac{V_1^2}{2g} + \dfrac{p_1}{\rho g} = \dfrac{V_2^2}{2g} + \dfrac{p_2}{\rho g} + \lambda \dfrac{\ell}{d_1}\dfrac{V_1^2}{2g} + H$

$p_1 = p_2 + \dfrac{\rho}{2}(V_2^2 - V_1^2) + \lambda \dfrac{\ell}{d_1}\dfrac{\rho V_1^2}{2} + \rho g H$

$= \underset{(\text{大気圧})}{0} + \dfrac{1000}{2}(10^2 - 0.9^2) + 0.03 \times \dfrac{50}{0.1}$

$\times \dfrac{1000 \times 0.9^2}{2} + 1000 \times 9.8 \times 10 = 1.54$

$\times 10^5$ [Pa]

4.14

$\text{Re} = \dfrac{vd}{\nu} = \dfrac{4 \times 0.5}{1.004 \times 10^{-6}} = 1992 \times 10^6$

相対粗さは

$$\frac{\varepsilon}{d} = \frac{1.0}{500} = 2.0 \times 10^{-3}$$

ムーディ線図より，$\lambda = 0.023$ となる．
よって

$$\Delta p = \lambda \frac{\ell}{d} \frac{\rho v^2}{2} = 0.023 \times \frac{300}{0.5} \times \frac{1000 \times 4^2}{2}$$
$$= 1.10 \times 10^5 \text{ [Pa]}$$

4.15

高さ 2.5 [m] の場合のレイノルズ数は，

$$\text{Re}_1 = \frac{2.5 \times 0.032}{1.0 \times 10^{-6}} = 80000.$$

ヘッド差 2.5 [m] が管摩擦によるものと考えると，次式が成り立つ．

$$2.5 = \lambda \times \frac{2.5}{0.032 \sin(30°)} \times \frac{2.5^2}{2g}$$

上式より，$\lambda = 0.0502$ となる．ムーディ線図を参照すると，この管は完全粗面と判断される．Re が約 40000 以上では，$\lambda = 0.0502$ で一定とみなしてよい．

高さ 5 [m] の場合のレイノルズ数は，

$$\text{Re}_2 = \frac{3.2 \times 0.032}{1.0 \times 10^{-6}} = 102400,$$ 流れは乱流で，

粗面管の場合の管摩擦係数は，上述の $\lambda = 0.0502$ を，滑面管ではブラジウスの式を用いることができる．ヘッド差 5 [m] に対し，2つの管の管摩擦を考えると，次式が成り立つ．

$$5 = 0.0502 \times \frac{2.5}{0.032 \sin(30°)} \times \frac{3.2^2}{2g}$$
$$+ 0.3164 \text{Re}_2^{-0.25} \times \frac{2.5}{0.032 \sin\theta} \times \frac{3.2^2}{2g}$$

上式より，$\sin\theta = 0.800$ となり，$\theta = 53.1°$ とすればよい．

4.16

それぞれの平均流速におけるレイノルズ数を求める．

$$1 \text{ [m/s]} : \text{Re} = \frac{1 \times 0.02}{1.0 \times 10^{-6}} = 20000$$

$$10 \text{ [m/s]} : \text{Re} = \frac{10 \times 0.02}{1.0 \times 10^{-6}} = 200000$$

ムーディ線図を参照して，$\frac{k_e}{d} = 0.01$ に対するそれぞれの管摩擦係数を求めることができる．また，滑面管としてブラジウスの式から求められる λ と比較できる．

1 [m/s]：粗面 $\lambda \approx 0.0405$,
滑面 $\lambda = 0.3164 \times 20000^{-\frac{1}{4}} = 0.0266$
10 [m/s]：粗面 $\lambda \approx 0.0380$,
滑面 $\lambda = 0.3164 \times 200000^{-\frac{1}{4}} = 0.0150$

4.17

管路内の平均流速 V は次のように求められる．

$$V = \frac{1.5}{\left(\frac{1}{4}\pi \times 0.2^2\right)} = 47.8 \text{ [m/s]}$$

空気に与えられるヘッド H は，

$$H = \frac{47.8^2}{2g}(0.3 + 2.0) + \frac{47.8^2}{2g}$$
$$+ \frac{5 \times 10^3}{(1.2 \times g)} = 810 \text{ [m]} \quad (g \text{ は重力加速度})$$

動力 L [W] は，上式に ρg（ρ は空気の密度）ならびに体積流量を乗じ，効率で除すことにより求めることができる．

$$\therefore L = 810 \times (1.2 \times 9.8) \times \frac{\frac{1}{4}\pi \times 0.2^2 \times 47.8}{0.8}$$
$$= 17900 \approx 17.9 \text{ [kW]}$$

4.18

(1) 発達した流れであることから，微小要素入口ならびに出口の速度は同じである．微小要素入口，出口断面に作用する圧力と，上下面に作用する粘性力の釣り合いより，

$$\left\{-\mu\left(\frac{du}{dy}\right) + \mu\left(\frac{du}{dy}\right)_{y+\Delta y}\right\} \times \ell + (P_1 - P_2) \times \Delta y = 0$$

[$(\ )_{y+\Delta y}$は，$y+\Delta y$ の位置で評価された値を表す．]

上式 { } 内2項目を，y の位置でテイラー展開すると，

$$\left[-\mu\left(\frac{du}{dy}\right) + \mu\left\{\left(\frac{du}{dy}\right) + \left(\frac{d^2u}{dy^2}\right)\Delta y\right\}\right]$$
$$\times \ell + (P_1 - P_2) \times \Delta y = 0$$

微分方程式は，$\mu\left(\frac{d^2u}{dy^2}\right) = \frac{(P_2 - P_1)}{\ell}$

上式を2回積分すると，

$$u = \frac{(P_2 - P_1)}{2\mu\ell}y^2 + C_1 y + C_2$$

$y = 0$, $y = H$ で，$u = 0$ となることから，積分定数 C_1, C_2 が求められる．

$$\therefore u = \frac{(P_1 - P_2)}{2\mu\ell}(Hy - y^2)$$

(2) (1)で求めた速度分布より，平板間内の平均流速 V は，次のように求められる．

$$V=\frac{(P_1-P_2)}{12\mu\ell}H^2$$

ダルシー・ワイズバッハの式中に V を用い，(P_1-P_2) を消去すると，

$$\frac{12\mu\ell V}{H^2}=\lambda\frac{\ell}{2H}\frac{\rho V^2}{2}$$

$$\therefore\quad \lambda=\frac{48\mu}{\rho VH}$$

4.19

(1) 管内を流れる水の平均速度 u_m は

$$u_m=\frac{0.35\ [\text{m}^3/\text{s}]}{0.24^2\ [\text{m}^2]}=6.08\ [\text{m/s}]$$

(2) 水力平均深さ m は式(A)より，

$$m=\frac{A}{s}=\frac{0.24^2\ [\text{m}^2]}{4\times 0.24\ [\text{m}]}=0.06\ [\text{m}]$$

(3) レイノルズ数 $\text{Re}=\dfrac{u_m d}{\nu}$ は，円管の内径 d の代わりに水力直径 $4m$ [m] を用いて，

$$\text{Re}=\frac{4u_m m}{\nu}=\frac{4\times 6.08\ [\text{m/s}]\times 0.06\ [\text{m}]}{1.307\times 10^{-6}\ [\text{m}^2/\text{s}]}$$
$$=1.12\times 10^6$$

(4) このレイノルズ数に対する管摩擦係数 λ は，ニクラーゼの式を用いると，

$\lambda=0.0032+0.221\text{Re}^{-0.237}=0.0032+0.221\times(1.12\times 10^6)^{-0.237}=0.0113$

(5) 管摩擦損失ヘッド h はダルシー・ワイズバッハの式で，円管直径 d を水力直径 $4m$ で置き換えて，

$$h=\lambda\frac{L}{4m}\frac{u_m^2}{2g}=0.0113\times\frac{30\ [\text{m}]}{4\times 0.06\ [\text{m}]}$$
$$\times\frac{6.08^2\ [\text{m}^2/\text{s}^2]}{2\times 9.8\ [\text{m/s}^2]}=2.66\ [\text{m}]$$

4.20

(1) $A=\dfrac{\sqrt{3}a^2}{4}$, $S=3a$, $D_h=\dfrac{\sqrt{3}a}{3}$

(2) $A=\dfrac{\pi}{4}(D^2-d^2)$, $S=\pi(D+d)$, $D_h=D-d$

(3) $D_h=\lim\limits_{b\to\infty}\dfrac{2ab}{a+b}=\lim\limits_{b\to\infty}\dfrac{2a}{1+\dfrac{a}{b}}=2a$

4.21

水力直径 $4r_h$ は，

$$4r_h=\frac{2ab}{a+b}=\frac{2\times 0.4\times 0.5}{0.4+0.5}=0.444\ [\text{m}]$$

$$\text{Re}=\frac{v\cdot 4r_h}{\nu}=\frac{2\times 0.444}{1.4\times 10^{-5}}=63490$$

$\text{Re}>2320$ なので乱流
ブラジウスの式より

$$\lambda=0.3164\times\text{Re}^{-\frac{1}{4}}=0.3164\times 63490^{-\frac{1}{4}}$$
$$=0.0199$$

$$\Delta p=\lambda\frac{\ell}{4r_h}\frac{\rho v^2}{2}=0.0199\times\frac{200}{0.444}\times\frac{1.1\times 2^2}{2}$$
$$=19.7\ [\text{Pa}]$$

4.22

損失係数 ζ は

$$\zeta=1\times\left[1-\left(\frac{D_1}{D_2}\right)^2\right]^2=\left[1-\left(\frac{20}{50}\right)^2\right]^2=0.706$$

よって圧力損失 Δp は次のようになる．

$$\Delta p=\zeta\frac{1}{2}\rho v_{m1}^2=0.706\times\frac{1}{2}\times 998\times(4.0)^2$$
$$=5.64\ [\text{kPa}]$$

4.23

$D=85\ [\text{mm}]$
$\quad =8.5\times 10^{-2}\ [\text{m}]$

(1) $\text{Re}=\dfrac{v_m D}{\nu}=\dfrac{4.0\times 85\times 10^{-2}}{1.0\times 10^{-6}}$
$\quad =3.40\times 10^5$（乱流）

(2) $L_e=50D=50\times 85\times 10^{-3}=4.25\ [\text{m}]$

(3) $\lambda=0.0032+\dfrac{0.221}{\text{Re}^{0.237}}$
$\quad =0.0032+\dfrac{0.221}{(3.40\times 10^5)^{0.237}}=0.01400$

$$\Delta p_f=\lambda\frac{L}{D}\frac{1}{2}\rho v_m^2$$
$$=0.01400\times\frac{100}{85\times 10^{-3}}\times\frac{1}{2}\times 998\times(4.0)^2$$
$$=1.315\times 10^5\ [\text{Pa}]=131.5\ [\text{kPa}]$$

(4) $\Delta p_{\text{elb}}=\zeta_{\text{elb}}\dfrac{1}{2}\rho v_m^2=1.5\times\dfrac{1}{2}\times 998$
$\quad \times(4.0)^2=12.0\ [\text{kPa}]$

(5) $\Delta p_{\text{in}}=\zeta_{\text{in}}\dfrac{1}{2}\rho v_m^2=0.5\times\dfrac{1}{2}\times 998$
$\quad \times(4.0)^2=4.0\ [\text{kPa}]$

(6) $\Delta p=\Delta p_{\text{in}}+\Delta p_f+\Delta p_{\text{elb}}=147.5\ [\text{kPa}]$

5.1

題意のように，壁面にあたった噴流は，壁面に沿って上下へ流れる．図には，この噴流による壁面上における圧力分布も併せて示している．すなわち，壁の中心で圧力は最も大きく，その値は $\rho V^2/2$ であり，中心から遠ざかるにつれて，小さくなる．壁面が受ける力 F' は，この圧力分布を壁面上で積分することにより求めることができるが，図の点線で示すような検査面をとり，運動量の法則を適用すると，圧力分布が分からずとも F' を求めることができる．

5.2

図の点線のように検査面をとると，本文（参考）内の（運動量の法則）の式より，

$$\underbrace{\rho Q_1 \begin{pmatrix} V_1 \cos\theta \\ V_1 \sin\theta \end{pmatrix}}_{\text{上側出口の運動量}} + \underbrace{\rho Q_2 \begin{pmatrix} V_2 \cos\theta \\ -V_2 \sin\theta \end{pmatrix}}_{\text{下側出口の運動量}} - \underbrace{\rho Q \begin{pmatrix} V \\ 0 \end{pmatrix}}_{\text{入口の運動量}}$$

$$= \underbrace{\begin{pmatrix} F_x \\ F_y \end{pmatrix}}_{\text{流体が壁面から受ける力}} \quad (A)$$

となる．噴流の水脈上では圧力は大気圧であるので，ベルヌーイの定理より，

$$V = V_1 = V_2 \quad (B)$$

である．検査面の上側出口と下側出口での流量は等しく，

$$Q_1 = Q_2 = \frac{Q}{2} \quad (C)$$

である．検査面入口での流量 Q は，$Q = AV$ である．従って，$F_x = \rho QV(\cos\theta - 1)$, $F_y = 0$ となる．壁面が流体から受ける力 $\vec{F'}$ は，$\vec{F}$ の反力なので，

$$\begin{pmatrix} F'_x \\ F'_y \end{pmatrix} = \begin{pmatrix} -F'_x \\ -F'_y \end{pmatrix} = \begin{pmatrix} \rho QV(1-\cos\theta) \\ 0 \end{pmatrix}$$

$$= \begin{pmatrix} \rho AV^2(1-\cos\theta) \\ 0 \end{pmatrix} \quad (D)$$

である．

5.3

本問の場合，本文（参考）内の（運動量の法則）の式より，

$$\underbrace{\rho Q_1 \begin{pmatrix} -V_1 \cos\beta \\ V_1 \sin\beta \end{pmatrix}}_{\text{上側出口の運動量}} + \underbrace{\rho Q_2 \begin{pmatrix} -V_2 \cos\beta \\ -V_2 \sin\beta \end{pmatrix}}_{\text{下側出口の運動量}}$$

$$- \underbrace{\rho Q \begin{pmatrix} V \\ 0 \end{pmatrix}}_{\text{入口の運動量}} = \underbrace{\begin{pmatrix} F_x \\ F_y \end{pmatrix}}_{\text{流体が壁面から受ける力}} \quad (A)$$

となる．噴流の水脈上では圧力は大気圧であるので，ベルヌーイの定理より，

$$V = V_1 = V_2 \quad (B)$$

である．検査面の上側出口と下側出口での流量は等しく，

$$Q_1 = Q_2 = \frac{Q}{2} \quad (C)$$

である．検査面入口での流量 Q は，$Q = AV$ である．従って，$F_x = -\rho QV(\cos\beta + 1)$, $F_y = 0$ となる．壁面が流体から受ける力 $\vec{F'}$ は，$\vec{F}$ の反力なので，

$$\begin{pmatrix} F'_x \\ F'_y \end{pmatrix} = \begin{pmatrix} -F_x \\ -F_y \end{pmatrix} = \begin{pmatrix} \rho QV(1-\cos\beta) \\ 0 \end{pmatrix}$$

$$= \begin{pmatrix} \rho AV^2(1-\cos\beta) \\ 0 \end{pmatrix} \quad (D)$$

である．噴流が $180°$ 方向を変え，$\beta = 0$ で流出する場合には，水受けに作用する力は本文（参考）内の（運動量の法則）の式（E）（十分に広い平板に噴流が垂直に衝突した場合）の2倍となる．

この原理を利用した代表的な例は，"ペルトン水車"である．

5.4

(1) 図のように，傾斜平板に沿って x–y 座標系をとると，本文（参考）内の（運動量の法則）の式より

$$\underbrace{\rho Q_1 \begin{pmatrix} V_1 \\ 0 \end{pmatrix}}_{\text{上側出口の運動量}} + \underbrace{\rho Q_2 \begin{pmatrix} -V_2 \\ 0 \end{pmatrix}}_{\text{下側出口の運動量}}$$

$$\underbrace{\rho Q \begin{pmatrix} V \cos\theta \\ V \sin\theta \end{pmatrix}}_{\text{入口の運動量}} = \begin{pmatrix} F_x \\ F_y \end{pmatrix}$$

となる．噴流の水脈上では圧力は大気圧であるので，ベルヌーイの定理より，

$$V = V_1 = V_2 \quad (B)$$

である．また，連続の式より，

$$Q_1 = Q_2 = \frac{Q}{2} \quad (C)$$

である．理想流体の仮定から，平板に働く摩擦力は無視できるので，

$$F_x = \rho Q_1 V_1 - \rho Q_2 V_2 - \rho QV \cos\theta = 0 \quad (D)$$

である必要がある．式（D）は，式（B）と式（C）を用いて整理することができ，

$$Q_1 = \left(\frac{1+\cos\theta}{2}\right) Q \quad (E)$$

を得る．前問のように，噴流が平板に対して垂直に衝突する場合（$\theta=\pi/2$），$Q_1=Q_2=Q/2$ となり，上下に等しく分流することが確認できる．

さて，平板が流体から受ける力 F' は，平板に対して垂直方向（y 方向）の力 F_y の反作用より，

$$F' = -F_y = \rho QV \sin\theta = \rho A V^2 \sin\theta \quad (F)$$

である．

(2) 平板が噴流と同じ方向に速度 U で動いている場合を扱うときは，平板と共に動く相対座標系を考えれば都合がよい．つまり，静止している平板に $V-U$ の速度で噴流が衝突することと同じになる．そのとき，平板が流体から受ける力 F' は，式 (F) の速度 V を $V-U$ で置き換えてやればよく，

$$F' = \rho A (V-U)^2 \sin\theta \quad (G)$$

となる．

5.5

(1) 図のように，$x-y$ 座標系をとると，本文（参考）内の（運動量の法則）の式より

$$\underbrace{\rho Q \begin{pmatrix} V\cos\theta \\ V\sin\theta \end{pmatrix}}_{\text{出口の運動量}} - \underbrace{\rho Q \begin{pmatrix} V \\ 0 \end{pmatrix}}_{\text{入口の運動量}} = \begin{pmatrix} F_x \\ F_y \end{pmatrix} \quad (A)$$

ただし，流量 Q は，$Q=AV$ である．従って，$F_x = \rho QV(\cos\theta-1)$，$F_y = \rho QV \sin\theta$ となる．壁面が流体から受ける力 $\vec{F'}$ は

$$\begin{pmatrix} F'_x \\ F'_y \end{pmatrix} = \begin{pmatrix} -F_x \\ -F_y \end{pmatrix} = \begin{pmatrix} \rho QV(1-\cos\theta) \\ -\rho QV \sin\theta \end{pmatrix}$$

$$= \begin{pmatrix} \rho A V^2 (1-\cos\theta) \\ -\rho A V^2 \sin\theta \end{pmatrix} \quad (B)$$

であるので，力の大きさ $|\vec{F'}|$ は，

$$|\vec{F'}| = \sqrt{F'^2_x + F'^2_y} = \rho A V^2 \sqrt{2(1-\cos\theta)} \quad (C)$$

となり，力の向き α は，

$$\alpha = \tan^{-1}\left(\frac{F'_y}{F'_x}\right) = \tan^{-1}\left(\frac{\sin\theta}{\cos\theta-1}\right) \quad (D)$$

となる．

(2) 曲板が噴流と同じ方向に速度 U で動いている場合，曲板と共に移動する相対座標系で扱えば，静止している曲板に $V-U$ の速度で噴流が衝突することと同じになる．すなわち，力の大きさ $|\vec{F'}|$ は，式 (D) の V を $V-U$ で置き換えて，

$$|\vec{F'}| = \sqrt{F'^2_x + F'^2_y} = \rho A (V-U)^2 \sqrt{2(1-\cos\theta)} \quad (E)$$

となる．

5.6

30°曲げられた三角柱下側面に沿う噴流の厚さは，流量保存より 8 [mm] である．
運動量の法則より，

水平方向：$-F_x = 1000 \times 10 \times 1 \times \{0.012 \times 10\cos(45°) + 0.008 \times 10\cos(30°) - 0.02 \times 10\}$

垂直方向：$-F_y = 1000 \times 10 \times 1 \times \{0.012 \times 10\sin(45°) - 0.008 \times 10\sin(30°)\}$

∴ $F_x = 459$ [N]（水平右向き），
$F_y = -449$ [N]（垂直下向き）

5.7

ノズルから噴出する水の角運動量に等しいトルクが発生する．運動量を算出する際，静止系から見た速度で評価する必要がある．ノズルから噴出する水の速度 U は，水車の回転速度を考慮して，

$$U = \frac{0.005}{\frac{\pi}{4}(0.02)^2} - \frac{2\pi \times 60}{60} \times 1 = 9.64 \text{ [m/s]}$$

トルク T は，
$T = 1000 \times 0.005 \times 4 \times (9.64 \times 1 - 0)$
$= 193$ [N・m]

∴ 動力 $L = 193 \times 2\pi \times 1 = 1210$ [W]

5.8

入口と出口の（速度，圧力）を，それぞれ (V_1, P_1)，(V_2, P_2) とする．水の流量より，

$$V_1 = \frac{6 \times 10^{-3}}{(0.05 \times 0.1)} = 1.2 \text{ [m/s]},$$

$$V_2 = \frac{6 \times 10^{-3}}{(0.05 \times 0.05)} = 2.4 \text{ [m/s]}$$

ベルヌーイの定理より，

$$P_1 + \frac{\rho V_1^2}{2} = P_2 + \frac{\rho V_2^2}{2} \quad (\rho = 1000 \text{ [kg/m}^3\text{]})$$

上式に，$V_1 = 1.2$ [m/s]，$V_2 = 2.4$ [m/s]，$P_2 = 10^5$ [Pa] を代入すると，
$P_1 = 1.022 \times 10^5$ [Pa]

運動量の法則より，
$P_1 \times (0.05 \times 0.1) - P_2 \times (0.05 \times 0.05)$
$\times \cos(60°) - F_x = 1000 \times 0.006$
$\times \{V_2\cos(60°) - V_1\}$
$-P_2 \times (0.05 \times 0.05)$
$\times \sin(60°) + F_y = 1000 \times 0.006$
$\times \{V_2\sin(60°) - 0\}$

上式に各値を代入すると，
$F_x = 386$ [N],
$F_y = 229$ [N] （注：F_y は下向き）

5.9

半径 $R_1 = 3.0$ [m] の入口における各速度の幾何学的関係を下図に示す．

w_1 は，水の速度 V_1 の水車中心方向への速度成分で，幅 0.3 [m] の水車の全周から流入する流量 $Q = 20$ [m³/s] より，

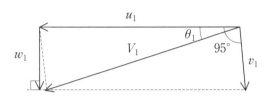

$$w_1 = \frac{20}{2\pi \times 3 \times 0.3} = 3.54 \text{ [m/s]}$$

u_1 は水車の周速度で，回転角速度

$$\omega = 2\pi \times \frac{36}{60} = 3.77 \text{ [rad/s]},$$

半径 $R_1 = 3$ [m] より，

$u_1 = 3.77 \times 3 = 11.31$ [m/s].

また，v_1 は水車に対する相対速度で，羽根の形状に沿う方向となる．上図の幾何学関係より，

$$v_1 = \frac{w_1}{\sin(85°)} = 3.55 \text{ [m/s]}$$

V_1 は，上記 2 つの速度ベクトルの和より求められる．余弦定理より，

$u_1^2 + v_1^2 - 2u_1v_1\cos(85°) = V_1^2$

∴ $V_1 = 11.56$ [m/s]

また，上図の θ_1 は，

$$\theta_1 = \sin^{-1}\left(\frac{w_1}{V_1}\right) = 17.8°$$

同様に，半径 $R_2 = 2$ [m] の出口での各速度の関係は以下の図となる．

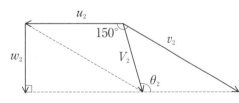

$$w_2 = \frac{20}{2\pi \times 2 \times 0.3} = 5.31 \text{ [m/s]},$$

$u_2 = 3.77 \times 2 = 7.54$ [m/s]

$$v_2 = \frac{w_2}{\sin(30°)} = 10.62 \text{ [m/s]}$$

余弦定理より，

$u_2^2 + v_2^2 - 2u_2v_2\cos(30°) = V_2^2$

∴ $V_2 = 5.56$ [m/s]

$$\theta_2 = \sin^{-1}\left(\frac{w_2}{V_2}\right) = 107.2°$$

以上の結果より，トルク T ならびに発生動力 L は次のように求められる．

$T = \rho Q(V_1 R_1 \cos\theta_1 - V_2 R_2 \cos\theta_2)$
$= 724 \times 10^3 ≡ 724$ [kN·m]

$L = T \times \omega = 2.73 \times 10^6 ≡ 2.73$ [MW]

5.10

予旋回がないので流体は羽根車に対して半径方向にまっすぐ入ってくる．したがって，羽根車の入口での流体の絶対速度の周方向成分 $v_{1\theta}$ は，

$v_{1\theta} = 0$ [m/s]

つまり与えられた入口流入速度が流体の絶対速度 v_1 となる．

$v_1 = 10$ [m/s]

また，回転数 ω から入口での羽根車周方向速度成分 u_1 は，

$$u_1 = \frac{1}{2}d_1(2\pi n) = \frac{1}{2} \times 0.1 \times \left(2 \times \pi \times \frac{2000}{60}\right)$$
$= 10.5$ [m/s]

よって速度三角形は下図のようになる．

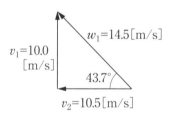

これより，入口羽根角 β_1 は，

$$\tan\beta = \frac{10}{10.5} \qquad \beta = 43.7°$$

入口での羽根車に対する相対速度 w_1 は，

$$w_1 = \frac{u_1}{\cos\beta_1} = \frac{1.5}{\cos(43.7)} = 14.5 \text{ [m/s]}$$

つぎに出口について考える．今，羽根車の入口と出口で断面積比が 1:3 であったとすると，連続の式より出口での流体の絶対速度 v_2 の半径方向速度 v_{2r} が求まる．

$A_1 v_{1r} = A_2 v_{2r}$

$$v_{2r} = \frac{A_1}{A_2}v_{1r} = \frac{1}{3} \times 10 = 3.3 \text{ [m/s]}$$

また，回転数 ω から出口での羽根車周方向速度成分 u_2 は，

$$u_2 = \frac{1}{2}d_2(2\pi n) = \frac{1}{2} \times 0.3$$

$$\times \left(2\times \pi \times \frac{2000}{60}\right)=31.4 \text{ [m/s]}$$

出口羽根角 β_2 が45°で，$v_{2r}=3.3$ であることから，

$$w_2=\frac{v_{2r}}{\cos 45°}=\frac{3.3}{\cos 45°}=4.7 \text{ [m/s]}$$

さらに，第2余弦定理より，

$$v_2=\sqrt{w_2{}^2+u_2{}^2-2v_2u_2\cos(45°)}$$
$$=\sqrt{(4.7)^2+(31.4)^2-2\times 4.7\times 31.4\times \cos(45°)}$$
$$=28.3 \text{ [m/s]}$$

よって，出口での速度三角形は上図のようになる．

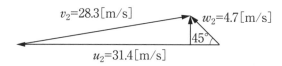

オイラーヘッド H は，

$$H=\frac{(v_2{}^2-v_1{}^2)}{2g}+\frac{(u_2{}^2-u_1{}^2)}{2g}+\frac{(w_1{}^2-w_2{}^2)}{2g}$$
$$=\frac{(28.3^2-10.0^2)}{2g}+\frac{(31.4^2-10.5^2)}{2g}$$
$$+\frac{(14.5^2-4.7^2)}{2g}$$
$$=9.0\times 10 \text{ [m]}$$

ここで，回転数や，羽根車の出口厚さの比によって，オイラーヘッド H に対する u, v, w がどのような割合になるかを計算した結果を下の2つのグラフに示す．1番目のグラフ左から，回転数増加にしたがい，u, v の成分が大きく増加していることがわかる．このとき，w の成分の影響は常に小さい．

2番目のグラフは回転数2000 [rpm]において，羽根の厚さ比，すなわち羽根断面積比がオイラーヘッドに対する影響を示している．このグラフでは，0.3のときに出口と入口に面積が等しく，それより右に行くほど出口断面積が小さくなっている．回転数が同じ場合，u の値は変化せず，出口半径方向流速が増加すると v, w の成分が減少することがわかる．

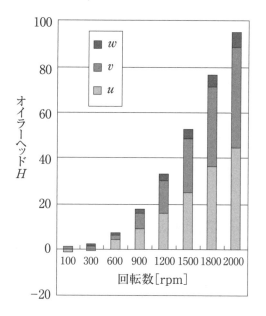

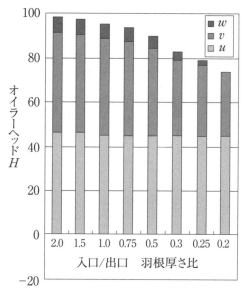

5.11

入口では予旋回がなく，羽根角度が45度であることから，周速度と流入する絶対速度は一致する．周速度 u_1 は，

$$u_1=2\pi r\omega=(2\pi\times 0.1)\left(\frac{9000}{\pi}/60\right)=30 \text{ [m/s]}$$

したがって，入口での相対速度は

$$\sqrt{30^2+30^2}=42.3 \text{ [m/s]}$$

出口では，軸流型羽根車で，断面積が変化しないとすれば，その軸流速度は連続の式から入り口と同じになると考えられる．したがって速度三角形は，一角が60度で，高さ（軸流速度）が30 [m/s]，底辺の長さ（周速度）が30 [m/s]の三角形となる．絶対速度 v_2 は，

$$v_2=\sqrt{(30^2+(30-30/\tan(60°))^2)}$$
$$=\sqrt{(30^2+12.8^2)}=32.6 \text{ [m/s]}$$

理論揚程を求めるオイラーの式より，

$$H_{th}=\frac{1}{g}(u_2v_{u2}-u_1v_{u1})=\frac{1}{g}u(v_{u2}-v_{u1})$$
$$=\frac{1}{g}\times 30\times(32.6-30)=7.95\ [\text{m/s}]$$

5.12

(1)(2) 管摩擦の式を用いて計算する．管径が同じなら損失は管長に比例する．速度ヘッドから単位長さの損失を算出しておくのも工夫である．まず「連続の式」から円管内の質量流速をもとにパイプ内速度を算定する．

$$Q=\rho Au=1000\times(0.5\times 0.5)\times 5.0$$
$$=1000\times 2\pi\times\frac{0.25^2}{4v_p},v_p=25\ [\text{m/s}],$$
$$h_{vp}=\frac{25^2}{2g}=3.2\times 10^{-3}\ [\text{m/s}]$$

よって，
$h_{BD}=2.0\times 0.002\times 3.2\times 10^{-3}=0.09$ [m/s],
$h_{DE}=0.22$ [m], $h_{IJ}=0.11$ [m], $h_{JL}=0.68$ [m],

テストセクションの速度ヘッドは，
$$h_{vt}=\frac{v_t^2}{2g}=\frac{5.0^2}{2\times 9.8}=1.27\ [\text{m/s}]$$

よって，
$h_{FG}=1.5\times 3.2\times 1.27=1.9$ [m/s],
$h_{HI}=0.5\times 3.2\times 1.27=0.64$ [m/s]

(3) 水は，水槽から同じ水槽に戻るので実揚程は0，損失分の揚程があればよい．3.6m．

(4) 圧力は，A から水深にほぼ比例して大きくなるが，B 点では速度を持つので水圧よりも速度ヘッド分小さくなる．C 点では A 点と同じ高さであるが，速度ヘッドと管摩擦分の圧力が小さくなっている．D 点では，位置ヘッド分さらに小さくなる．静水圧をもとに，速度ヘッド，損失を加味するとよい．

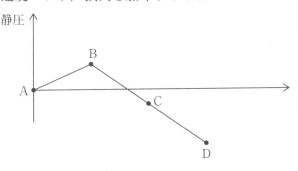

(5)～(10) 各速度は，$u_1=3.1$, $V_1=9.9$, $w_1=10.4$, $u_2=12.6$, $v_2=9.95$, $w_2=15.8$, $v_{1m}=v_{2m}=u_1$, [m/s], $\tan\beta=\frac{v_1}{u_1}=3.2(\beta_1=73°)$,

$\tan\beta_2=\frac{v_2}{u_2}=0.79(\beta_2=39°)$.

(11) ポンプは加圧する機械であるが，入り口では出口よりも圧力が小さくなる．圧力が飽和水蒸気圧近くまで低下すると蒸発してキャビテーションが生じる．K 点では上流の損失と出口が大気圧なので入り口圧力が非常に低くなる．D 点では損失の影響は小さいが位置の分圧力が低くなる．三つの中では C 点がもっともよい．

(12) 遠心式ポンプの場合，特性から流量がゼロで必要動力が小さいので，バルブを閉めきって始動すると駆動モーターの負担が小さくてよい．

(13) B 点では速度ヘッド分圧力が低く，蒸発により水面との差が小さくなると入り口付近の水位が回りの水位よりもさらに下がり，渦が生じて空気を吸い込む．ポンプ内に空気が入ると性能が激しく低下する．

(14) パイプ径を大きくしたり，ポンプをさらに低いところに設置する，A 点をもっと深くする，流路をさらに短くする，ポンプの形式を再検討する，などなど．

5.13

(1) 風車なのでプロペラを過ぎた一様流はエネルギーを失う．そのため大気圧に戻った状態では流速が低下し「連続の式」から断面積が増加する．プロペラ付近で断面積が急変していないのは，プロペラ前後で速度は連続的で，大気圧と比して，風車直前では減速した一様流圧力の上昇，直後ではエネルギーを与えて圧力が低下することで，圧力変化によるエネルギー授受を行ったと考える．

(2) 密度の小さい空気なので位置エネルギーを無視してよい．
$$\frac{\rho V_1^2}{2}+P_1=\frac{\rho V_p^2}{2}+P_{\text{in}},\quad \frac{\rho V_p^2}{2}+P_{\text{out}}=\frac{\rho V_2^2}{2}+P_2$$

(3)～(6) プロペラ前後では(1)より風速が同じなので，$V_{\text{in}}=V_{\text{out}}$, $P_1=P_2$, 「連続の式」$A_pV_{\text{in}}=A_1V_1=A_2V_2$ から
$$F=A\Delta P=\frac{1}{2}\rho A(V_2^2-V_1^2)$$
$$=\rho A_pV_{\text{in}}(V_1-V_2)$$

この関係から $V_p=\frac{V_1+V_2}{2}$.

$$P_T = C_p P = C_p \Delta E \rho Q \Delta V_p = C_p(p_2 - p_1)\rho Q V_p$$
$$= C_p(\frac{1}{2}(V_2^2 - V_1^2))\rho Q V_p = C_p \frac{1}{2}\rho A V_1^3$$
$$= 0.41 \times \frac{1}{2} \times 1.2 \times (\frac{\pi 3.0^2}{4}) \times 10^3 = 1740 \text{ [W]}$$

(7) ポンプ動力 $\rho g Q h$ より,
$$\rho g Q H = \eta_p P_T, \quad Q = 1740 \times \frac{0.78}{1000 \times 9.8 \times 5.0}$$
$$= 2.8 \times 10^{-2} \text{ m}^3/\text{s]}$$

(8)〜(13)
$v_{m1} = 7.13$, $v_{m2} = 8.9$, $u_1 = 7.1$, $U_2 = 14$, $\beta_1 = 45°$, $v_1 = 7.13$, $W_1 = 10$, $\beta_2 = 35°$, $V_2 = 8.9$, $W_2 = 16.5$, $H_{th} = 5.7$ [m],
$\frac{H_v}{H_{th}} = \frac{2.9}{5.7} = 51$ [%]

6.1

図に示すように，凧に働く流体力を F とすると，抗力 $D = F\cos\theta$, 揚力 $L = F\sin\theta$ である．したがって，揚抗比 $\frac{L}{D}$ は $\frac{L}{D} = \frac{F\sin\theta}{F\cos\theta}$
$= \tan\theta = \tan(75°) = 3.7$ となる．

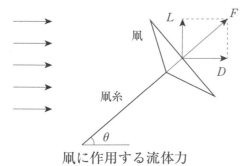

凧に作用する流体力

6.2

飛行機の受ける抗力 F は，
$$F = C_D A \frac{1}{2}\rho u^2$$
なので，速度を [m/s] に換算して代入する．
$$F_{sc} = C_D A \frac{1}{2}\rho u^2 = 0.2 \times 6.0 \times 0.5 \times 1.2$$
$$\times (\frac{300}{60^2} \times 1000)^2 = 5000 \text{ [N]}$$

したがって，この抵抗力に釣り合う推力が出せるエンジンであればよい．一般に高空では気圧が下がるし，密度も小さくなるため，抵抗が小さくなることもわかる．

6.3

動圧 $p_v = \frac{1}{2} \times 1.2 \times 10^2 = 60$ [N/m²]

面積 $A = 0.1^2 = 0.01$ [m²]
抵抗力 $F = 0.60$ [N]
とすれば，C_D は
$$F = C_D \frac{1}{2} A \rho u^2$$
$$C_D = \frac{F}{A p_v} = \frac{0.60}{0.01 \times 60} = 1.0$$

6.4

式変形で比を求める．
車の抗力 F は,
$$F = C_D A \frac{1}{2}\rho u^2$$
なので，この式をスポーツカーと乗用車で比較のために比をとる．
$$\frac{F_{sc}}{F_{cp}} = \frac{C_{Dsc} A_{sc} \frac{1}{2}\rho u^2}{C_{Dcp} A_{cp} \frac{1}{2}\rho u^2}$$

速度が同じなので速度の項が消えてしまう．したがって，両者が同じスピードであれば，抵抗はその抵抗係数と前面投影面積の積を比較すればよい．
$$\frac{F_{sc}}{F_{cp}} = \frac{C_{Dsc} A_{sc}}{C_{Dcp} A_{cp}} = \frac{0.29 \times 1.0}{0.31 \times 2.0} = 0.468$$

スポーツカーは乗用車の約 $\frac{1}{2}$ の力で同じ速度で走れる．また，時速が変わっても比は変わらない．

6.5

$$F_D = C_D A_p \frac{1}{2}\rho V^2$$

ここで C_D：抵抗係数
A_p：流れに垂直な面への物体の投影面積
ρ：流体の密度
V：近寄り流れの速度である．なお，抵抗係数は物体の形状だけでなく，レイノルズ数 Re によっても異なる．

$$\text{Re} = \frac{VL}{\nu}$$

ここで，L：物体の代表長さ，ν：動粘度を示す．

6.6

流速 $U = 50$ [km/h] の一様な空気流中に自動車が静止している状況と同じであることから，抗力 D は次のように計算できる．

$$D = C_D \frac{\rho U^2 A}{2}$$

$$= 0.5 \times \frac{1.2 \times \left(50 \times \frac{1000}{3600}\right)^2 \times 5.0}{2} = 289 \text{ [N]}$$

また，向かい風が 10 [m/s] で吹いている場合の抗力 D' は，向かい風の速度を流速に加算すれば求められるので，次のようになる．

$$D' = C_D \frac{\rho U'^2 A}{2} = 0.5$$

$$\times \frac{1.2 \times \left(50 \times \frac{1000}{3600} + 10\right)^2 \times 5.0}{2} = 856 \text{ [N]}$$

よって，抗力は 3 倍に増加することが分かる．

6.7

速度 V の一様な流れの方向に垂直に置かれた平板を考える．

平板の上流側の位置①と同じ水平面内にある平板上の位置②についてベルヌーイの定理を適用すると，

$$P_1 + \frac{1}{2}\rho V^2 = P_2 + 0$$

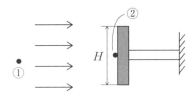

よって平板の上流側の面の圧力は下流側の面の圧力よりも $\frac{\rho V^2}{2}$ だけ高くなる．この圧力上昇によって平板には $A_p \times \frac{1}{2}\rho V^2$ の力が働く．実際には平板の上流側の面のいたるところで圧力上昇が $\frac{\rho V^2}{2}$ になることはなく，下流側の圧力も P_1 に等しくはならないので，抵抗係数 C_D を導入して，

$$F_D = C_D A_p \frac{1}{2}\rho V^2$$

と表される．物体の形状が変わっても同様である．

6.8

流体中を移動する物体にかかる力 F は，

$$F = C_D A \frac{1}{2}\rho u^2$$

したがって，質量 m のボールについて，その加速度 α は，

$$F = m\alpha, \quad \alpha = \frac{C_D A \frac{1}{2}\rho u^2}{m}$$

これを用いて，初速 u_0 で，射出角が θ_0 のとき，最初の時間区間 Δt 後，

$$u_1 = u_0 - \alpha \Delta t = u_0 - \left(\frac{C_D A \frac{1}{2}\rho u^2}{m}\right)$$

x, y 方向の速度成分は，重力加速度の影響も加味して，

$x : u_x = u_1 \cos\theta_0, \quad y : u_y = u_1 \sin\theta_0 - g\Delta t$

新しいボールの進行方向角度は，

$$\theta_1 = \tan^{-1}\left(\frac{u_y}{u_x}\right)$$

この計算を繰り返せばよい．

7.1

(1) 境界層，(2) 粘性，(3) 減速，(4) 0，
(5) はく離，(6) 慣性，(7) 薄，(8) 下流

7.2

(1) よどみ，(2) 低，(3) 高，
(4) 抗力もしくは抵抗，(5) 圧力，(6) 形状，
(7) 摩擦

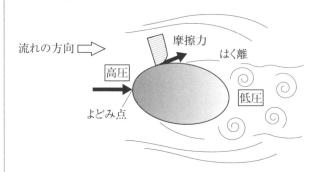

7.3

臨界レイノルズ数を
$\text{Re}_c = 5.0 \times 10^5$ とする
$\text{Re}_c = \frac{Ux}{\nu}$ より

$$x = \frac{\nu \cdot \text{Re}}{U} = \frac{1.01 \times 10^{-6} \times 5 \times 10^5}{5}$$

$= 0.101$ [m]（層流境界層部の長さ）
板後端における Re

$$\text{Re} = \frac{U\ell}{\nu} = \frac{5 \times 8}{1.01 \times 10^{-6}} = 3.960 \times 10^7 \text{（乱流）}$$

$$c_f = \frac{0.455}{(\log_{10}\text{Re})^{2.58}} = \frac{0.455}{(\log_{10}(3.960 \times 10^7))^{2.58}}$$

$$= 2.431 \times 10^{-3}$$

板両面の摩擦抵抗

$$D_f = 2 \cdot c_f \frac{\rho U^2}{2} B\ell = 2 \times 2.431 \times 10^{-3}$$
$$\times \frac{1000 \times 5^2}{2} \times 3 \times 8$$
$$= 1.46 \times 10^3 \text{ [N]}$$

7.4
まず粘度 μ を求める必要がある．粘度は密度と動粘度の積として次式で与えられる．
$$\mu = \rho \nu = 1.2 \times 1.5 \times 10^{-5}$$
$$= 1.8 \times 10^{-5} \text{ [Pa·s]}$$
せん断応力 τ_w は次のようになる．
$$\tau_w = 0.332 \mu U \left(\frac{U}{\nu x}\right)^{\frac{1}{2}}$$
$$= 0.332 \times 1.8 \times 10^{-5} \times 0.20$$
$$\times \left(\frac{0.20}{1.5 \times 10^{-5} \times 1.20}\right)^{\frac{1}{2}}$$
$$= 1.26 \times 10^{-4} \text{ [Pa]}$$

7.5
$x = 3.5$ [m] の位置が層流か乱流かを判断する．
$$\text{Re}_x = \frac{U x}{\nu_f} = \frac{0.20 \times 3.5}{1.5 \times 10^{-5}} = 4.67 \times 10^4$$
よって流れは層流である．したがって流体摩擦による力は次のようになる．
$$F_f = 0.664 \mu U \left(\frac{UL}{\nu_f}\right)^{\frac{1}{2}} B$$
$$= 0.664 \times 1.8 \times 10^{-5} \times 0.20 \times \left(\frac{0.20 \times 3.5}{1.5 \times 10^{-5}}\right)^{\frac{1}{2}}$$
$$\times 2.0 = 1.03 \times 10^{-3} \text{ [N]}$$

7.6
まず，この x 位置の境界層が層流，乱流のどちらであるのかを確認する必要がある．局所レイノルズ数はつぎのようになる．
$$\text{Re}_x = \frac{U x}{\nu} = \frac{1.5 \times 6.0}{1.5 \times 10^{-5}}$$
$$= 6.0 \times 10^5$$
この値は臨界レイノルズ数の $\text{Re}_{xc} = 5 \times 10^5$ よりも大きいので，流れは乱流である．
せん断応力 τ_w を求めるためには境界層厚さ δ に対する情報が必要となる．δ は次のようになる．
$$\delta = 0.37 x \left(\frac{Ux}{\nu}\right)^{-\frac{1}{5}}$$
$$= 0.37 \times 6.0 \times \left(\frac{1.5 \times 6.0}{1.5 \times 10^{-5}}\right)^{-\frac{1}{5}}$$
$$= 0.37 \times 6 \times 0.0699 = 0.155 \text{ [m]}$$
$$\tau_w = 0.0225 \rho U^2 \left(\frac{\nu}{U\delta}\right)^{\frac{1}{4}}$$
$$= 0.0225 \times 1.2 \times 1.5 \times 1.5 \times \left(\frac{1.5 \times 10^{-5}}{1.5 \times 0.155}\right)^{\frac{1}{4}}$$
$$= 5.44 \times 10^{-3} \text{ [Pa]}$$

7.7
まず，レイノルズ数 $\text{Re}_L = \frac{UL}{\nu}$ の値を求める．
$$\text{Re}_L = \frac{UL}{\nu} = 4.5 \times \frac{3.5}{1.5 \times 10^{-5}}$$
$$= 1.05 \times 10^6$$
これより，摩擦抵抗係数 C_f は次式を用いて計算できる．
$$C_{fm} = 0.074 \left(\frac{UL}{\nu}\right)^{-\frac{1}{5}}$$
$$= 0.074 \times (1.05 \times 10^6)^{-\frac{1}{5}}$$
$$= 0.00462$$
摩擦抵抗は次のようになる．
$$F_f = \frac{C_f \rho U^2 BL}{2}$$
$$= \frac{0.00462 \times 1.2 \times 4.5 \times 4.5 \times 2.0 \times 3.5}{2}$$
$$= 0.393 \text{ [N]}$$

7.8
この x 位置における流れが層流であるかどうかを確認する．レイノルズ数は次式で与えられる．
$$\text{Re}_x = \frac{Ux}{\nu} = \frac{0.20 \times 1.20}{1.5 \times 10^{-5}}$$
$$= 1.60 \times 10^4$$
この値は臨界レイノルズ数の $\text{Re}_{xc} = 5 \times 10^5$ よりも小さいので，流れは層流である．したがって，境界層厚さは以下のようになる．
$$\delta_{0.99} = 5.0 x \text{Re}^{-\frac{1}{2}} = 5.0 \times 1.20 (1.60 \times 10^4)^{-\frac{1}{2}}$$
$$= 0.0474 \text{ [m]}$$
$$\delta^* = 1.721 x \text{Re}^{-\frac{1}{2}} = 1.721 \times 1.20$$
$$\times (1.60 \times 10^4)^{-\frac{1}{2}} = 0.0163 \text{ [m]}$$
$$\theta = 0.664 x \text{Re}^{-\frac{1}{2}} = 0.664 \times 1.20$$
$$\times (1.60 \times 10^4)^{-\frac{1}{2}} = 0.0063 \text{ [m]}$$

7.9
まず，この位置における局所レイノルズ数

を求める必要がある．

$$\mathrm{Re}_x = \frac{Ux}{\nu}$$
$$= \frac{1.5 \times 3.0}{1.0 \times 10^{-6}}$$
$$= 4.5 \times 10^6$$

となり，臨界レイノルズ数の $\mathrm{Re}_{xc} = 5 \times 10^5$ よりも大きい．したがって，この位置における境界層は乱流である．境界層厚さ δ，排除厚さ δ^*，運動量厚さ θ，および消散エネルギ厚さ θ^* はそれぞれ次のようになる．

$$\delta = 0.37x(\mathrm{Re}_x)^{-\frac{1}{5}}$$
$$= 0.37 \times 3.0 \times (4.5 \times 10^6)^{-\frac{1}{5}}$$
$$= 0.0518 \,[\mathrm{m}]$$
$$\delta^* = 0.0463x(Re_x)^{-\frac{1}{5}} = 0.00648 \,[\mathrm{m}]$$
$$\theta = 0.036x(Re_x)^{-\frac{1}{5}}$$
$$= 0.00504 \,[\mathrm{m}]$$
$$\theta^* = \frac{7\delta}{40} = \frac{7 \times 0.0518}{40}$$
$$= 0.00907 \,[\mathrm{m}]$$

7.10

$$\delta_D = \frac{1}{V}\int_0^\infty (V-v)dy = \int_0^\infty \left(1-\frac{v}{V}\right)dy$$
$$= \int_0^\delta \left(1-\frac{y}{\delta}\right)dy = \left|y-\frac{y^2}{2\delta}\right|_0^\delta = \left(\delta - \frac{\delta^2}{2\delta}\right) = \frac{1}{2}\delta$$
$$\delta_M = \frac{1}{V^2}\int_0^\infty v(V-v)dy = \int_0^\infty \frac{v}{V}\left(1-\frac{v}{V}\right)dy$$
$$= \int_0^\delta \frac{y}{\delta}\left(1-\frac{y}{\delta}\right)dy = \int_0^\delta \left(\frac{y}{\delta}-\frac{y^2}{\delta^2}\right)dy$$
$$= \left|\frac{y^2}{2\delta}-\frac{y^3}{3\delta^2}\right|_0^\delta = \frac{\delta}{2}-\frac{\delta}{3} = \frac{1}{6}\delta$$

7.11

$$\delta_D = \int_0^\infty \left(1-\frac{v}{V}\right)dy = \int_0^\delta \left(1-\left(\frac{y}{\delta}\right)^{\frac{1}{7}}\right)dy$$

ここで，変数変換を行う．

$$z = \frac{y}{\delta}, \quad dz = \frac{dy}{\delta}$$
$$\delta_D = \delta \int_0^1 \left(1 - z^{\frac{1}{7}}\right)dz = \delta\left|z - \frac{z^{1+\frac{1}{7}}}{1+\frac{1}{7}}\right|_0^1$$
$$= \delta\left(1 - \frac{7}{8}\right) = \frac{\delta}{8}$$
$$\delta_m = \int_0^\infty \frac{v}{V}\left(1-\frac{v}{V}\right)dy = \int_0^\delta \left(\frac{y}{\delta}\right)^{\frac{1}{7}}\left(1-\left(\frac{y}{\delta}\right)^{\frac{1}{7}}\right)dy$$
$$= \delta\int_0^1 z^{\frac{1}{7}}(1-z^{\frac{1}{7}})dz = \delta\int_0^1 \left(z^{\frac{1}{7}} - z^{\frac{2}{7}}\right)dz$$
$$= \delta\left|\frac{z^{1+\frac{1}{7}}}{1+\frac{1}{7}} - \frac{z^{1+\frac{2}{7}}}{1+\frac{2}{7}}\right|_0^1$$
$$= \delta\left(\frac{7}{8} - \frac{7}{9}\right) = 7\delta\frac{(9-8)}{72} = \frac{7}{72}\delta$$

7.12

1/7 乗則から導かれた式からは
$$C_{fm} = 0.074(1\times 10^6)^{-\frac{1}{5}} = 0.00467$$
実験式からは，
$$C_{fw} = 0.455[\log(1\times 10^6)]^{-2.58}$$
$$= 0.00447$$
よって 4% 程度の相違である．

7.13

簡単のために非圧縮性流体を考える．管路へ入って来る流れの速度分布が一様であるとき，管壁では滑りなしの条件によって流体の速度は 0 であるから，管壁近傍では境界層が発生する．境界層内の壁近くの流体の速度は流れの方向に徐々に小さくなっていくので，連続の式を満足するためには管中心側の流体の速度は入口での一様流れの速度よりも徐々に大きくなっていく．

やがて境界層が合体して管路内を埋めつくすと，速度分布は下流方向へ変化しなくなる．そこで管路の入口から速度分布が下流方向へ変化しなくなるまでの区間を助走区間，それよりも下流側の区間を十分発達した領域と呼んで区別している．

7.14

（本文）4章最前頁の 4.3 より
$$L_e = 0.05 \mathrm{Re}D \text{（層流）}$$
$$L_e = 50D \text{（層流）}$$
$$\mathrm{Re} = \frac{v_m D}{\nu}$$

ここで Re はレイノルズ数，v_m は断面平均速度，D は直径，ν は動粘度である．

8.1

レイノルズ数は次式で与えられる．
$$\mathrm{Re} = \frac{VD_s}{\nu_L} = \frac{1.5 \times 0.20}{1.0 \times 10^{-6}}$$
$$= 3.0 \times 10^5$$

8.2

円管の直径 D が [cm] の単位で与えられているので,これを [m] の単位に直す.

$D = 3.0 \text{ [cm]} = 0.030 \text{ [m]}$

臨界レイノルズ数 Re_c は次式で与えられる.

$$\text{Re}_c = v_{mc} \frac{D}{\nu_L} = v_{mc} \times \frac{0.030}{1.0 \times 10^{-6}}$$
$$= 30000 v_{mc}$$
$$= 2320$$

この式より,v_{mc} は次のようになる.

$$v_{mc} = \frac{2320}{30000} = 0.0773 \text{ [m/s]} = 7.73 \text{ [cm/s]}$$

8.3

フルード数の値は次式で与えられる.

$$\text{Fr} = \frac{V}{(gD_s)^{\frac{1}{2}}} = \frac{1.5}{(9.80 \times 0.20)^{1/2}}$$
$$= \frac{1.5}{1.4} = 1.07$$

8.4

修正フルード数の値は次式で与えられる.

$$\text{Fr} = \frac{\rho_s V^2}{(\rho_s - \rho_L) g D_s}$$
$$= 3000 \times \frac{1.5^2}{(3000-998) \times 9.80 \times 0.20}$$
$$= 1.72$$

8.5

レイノルズ数 Re は次式で与えられる.

$$\text{Re} = \frac{VD_s}{\nu} = \frac{1.5 \times 0.050}{1.0 \times 10^{-6}}$$
$$= 7.5 \times 10^4$$

ウェーバー数 W_e は次のようになる.

$$W_e = \frac{\rho_L D_s V^2}{\sigma} = \frac{998 \times 0.050 \times (1.5)^2}{0.073}$$
$$= 1.54 \times 10^3$$

最後に修正フルード数の値は次式で与えられる.

$$\text{Fr} = \frac{\rho_s V^2}{(\rho_s - \rho_L) g D_s}$$
$$= 3000 \times \frac{1.5^2}{(3000-998) \times 9.80 \times 0.050} = 6.88$$

8.6

電線のレイノルズ数 Re は次式で与えられる.

$$\text{Re} = \frac{VD}{\nu_g} = \frac{10 \times 0.010}{1.5 \times 10^{-5}}$$
$$= 6.67 \times 10^3$$

この値はカルマン渦の発生するレイノルズ数範囲($\text{Re} \approx 40 \sim 10^5$)に入っており,カルマン渦の放出は起こる.放出周波数 f_K は次のようになる.

$$f_K = 0.2 \frac{V}{D} = 0.2 \times \frac{10}{0.010} = 200 \text{ [Hz]}$$

8.7

この流れに関係する物理量は,圧力勾配 $\frac{\Delta p}{\ell}$,管の内径 d,流体の速度 U,流体の密度 ρ と粘性係数 μ の 5 個($n=5$)である.また,基本量は質量 M,長さ L,時間 T の 3 個($m=3$)でよい.したがって,$n-m=2$ となるので,Π_1 と Π_2 をそれぞれ次のように選ぶことにする.

$$\Pi_1 = U^{\alpha_1} d^{\beta_1} \rho^{\gamma_1} \left(\frac{\Delta p}{\ell}\right), \quad \Pi_2 = U^{\alpha_2} d^{\beta_2} \rho^{\gamma_2} \mu \quad \text{(A)}$$

式(A)において,左辺 Π_1,Π_2 は無次元である.一方,右辺の物理量の次元はそれぞれ $U = [LT^{-1}]$,$d = [L]$,$\rho = [ML^{-3}]$,$\frac{\Delta p}{\ell} = [ML^{-2}T^{-2}]$,$\mu = [ML^{-1}T^{-1}]$ である.したがって,式(8)の第1式より,

$$[M^0 L^0 T^0] = [LT^{-1}]^{\alpha_1} [L]^{\beta_1} [ML^{-3}]^{\gamma_1} [ML^{-2}T^{-2}] \quad \text{(B)}$$

となり,左右の次数が等しくなるためには

$M : 0 = \gamma_1 + 1$
$L : 0 = \alpha_1 + \beta_1 - 3\gamma_1 - 2$
$T : 0 = -\alpha_1 - 2$

である必要がある.これらを連立して解けば,$\alpha_1 = -2$,$\beta_1 = 1$,$\gamma_1 = -1$ を得る.

したがって,$\Pi_1 = \frac{\Delta p}{\ell} \left[\frac{d}{\rho U^2}\right]$ となる.Π_2 に対しても同様にして,各次数を求めると,$\alpha_2 = \beta_2 = \gamma_2 = -1$ となり,$\Pi_2 = \frac{\mu}{Ud\rho} = \frac{1}{\text{Re}}$ を得る.ただし,Re はレイノルズ数といわれる無次元数である.式(A)の Π 定理より,

$$\frac{\Delta p}{\ell} \frac{d}{\rho U^2} = f(\Pi_2) = f\left(\frac{1}{\text{Re}}\right) \quad \text{(C)}$$

となる.ここで,$f = \frac{\lambda}{2}$ とおくと,よく知られた管摩擦による圧力損失を表す式を得ることができる.

8.8

圧力損失 Δp を次式のように表す．

$$\Delta p = K d^\alpha l^\beta \rho^\gamma U^\delta \mu^\eta \tag{A}$$

ただし，K は比例定数である．各物理量の次元は問題 8.1 で既に述べているので，式(A)の次元は

$$[ML^{-1}T^{-2}] = K[L]^\alpha[L]^\beta[ML^{-3}]^\gamma[LT^{-1}]^\delta[ML^{-1}T^{-1}]^\eta \tag{B}$$

となる．ここで，$[M]$ と $[L]$ と $[T]$ に関して両辺の指数を等しくおくと（$1=\gamma+\eta$，$-1=\alpha+\beta-3\gamma+\delta-\eta$，$-2=-\delta-\eta$），$\gamma=1-\eta$，$\delta=2-\eta$，$\alpha+\beta=-\eta$ となるので，

$$\Delta p = K\rho U^2 \left(\frac{\ell}{d}\right)^\beta \left(\frac{\mu}{\rho U d}\right)^\eta = K\rho U^2 \left(\frac{\ell}{d}\right)^\beta \left(\frac{\ell}{\mathrm{Re}}\right)^\eta \tag{C}$$

が得られるが，本問題のように物理量が多い場合には指数を決定することができない．なお，$\beta=1$，$f=\left(\dfrac{1}{\mathrm{Re}}\right)^\eta$ としたのが問題 8.7 の結果である．実験結果によれば，流れが層流のときは $\eta=1$，乱流のときは $\eta=\dfrac{1}{4}$（ブラジウスの式）である．

参考文献

1) 『流体力学　シンプルにすれば「流れ」がわかる』金原粲監集　築地徹治, 青木克巳, 川上幸男, 君島真仁, 桜井康雄, 清水誠二（実教出版）(2009)
2) 『水力学』宮井善弘, 木田輝彦, 仲谷仁志（森北出版）(1983)
3) 『Transport Phenomena』B. Bird, W. E. Stewart and E. M. Lightfoot（Wiley & Sons）(1960)
4) 『例題演習　水力学（増補改訂版）』笠原英司（産業図書）(1985)
5) 『水力学』植松時雄（産業図書）(1971)
6) 『Fluid Mechanics』V. L. Streeter and E. B. Wylie（McGraw-Hill Book Company）(1985).
7) 『機械工学便覧　流体工学』日本機械学会編（日本機械学会）(2006)
8) 『伝熱工学資料　改定第5版』日本機械学会編（日本機械学会）(2009)
9) 『Boundary-Layer Theory translated by J. Kestin, 7th ed』H. Schlichting,（McGraw-Hill）(1979)
10) 『わかる水力学』今市憲作, 田口達夫, 谷林英毅, 本地洋二（日新出版）(2000)

■著者紹介

脇本 辰郎（わきもと　たつろう）
大阪市立大学大学院　工学研究科　前期博士課程　機械工学専攻　修了
大阪市立大学大学院　工学研究科　機械物理系専攻　准教授

植田 芳昭（うえだ　よしあき）
大阪府立大学大学院　工学研究科　博士後期課程　機械工学専攻　修了
摂南大学　理工学部　機械工学科　専任講師

中嶋 智也（なかじま　ともや）
大阪府立大学大学院　工学研究科　博士前期課程　機械工学専攻　修了
大阪府立大学学術研究院　第2学群（機械系）　専任講師

荒賀 浩一（あらが　こういち）
大阪市立大学大学院　工学研究科　後期博士課程　機械工学専攻　修了
近畿大学工業高等専門学校　総合システム工学科　機械システムコース　准教授

加藤 健司（かとう　けんじ）
名古屋大学大学院　工学研究科　後期博士課程　機械工学専攻　修了
大阪市立大学大学院　工学研究科　機械物理系専攻　教授

井口 學（いぐち　まなぶ）
大阪大学大学院　工学研究科　修士課程　機械工学専攻　修了
北海道大学名誉教授
北海道大学大学院　工学研究院　材料科学部門　特任教授
大阪電気通信大学　工学部　機械工学科　教授

©WAKIMOTO TATSURO　UEDA YOSHIAKI　NAKAJIMA TOMOYA
　ARAGA KOUICHI　KATO KENJI　IGUCHI MANABU　2015

ドリルと演習シリーズ

水　力　学

2015 年 3 月 31 日　　第 1 版第 1 刷発行

著　者　脇　本　辰　郎
　　　　植　田　芳　昭
　　　　中　嶋　智　也
　　　　荒　賀　浩　一
　　　　加　藤　健　司
　　　　井　口　　　學
発行者　田　中　　久米四郎

＜発　行　所＞
株式会社　電気書院
振替口座　00190-5-18837
〒 101-0051　東京都千代田区神田神保町 1-3　ミヤタビル 2F
電　話　03-5259-9160
Ｆ Ａ Ｘ　03-5259-9162
URL：http://www.denkishoin.co.jp

ISBN978-4-485-30240-8　C3353
亜細亜印刷株式会社　　＜ Printed in Japan ＞

乱丁・落丁の節は，送料弊社負担にてお取替えいたします．
上記住所までお送りください．

JCOPY　〈(社)出版者著作権管理機構　委託出版物〉

本書の無断複写（電子化含む）は著作権法上での例外を除き禁じられています．複写される場合は，そのつど事前に，(社)出版者著作権管理機構(電話：03-3513-6969，FAX：03-3513-6979，e-mail：info@jcopy.or.jp）の許諾を得てください．
また本書を代行業者等の第三者に依頼してスキャンやデジタル化することは，たとえ個人や家庭内での利用であっても一切認められません．